黑科技 系列丛书

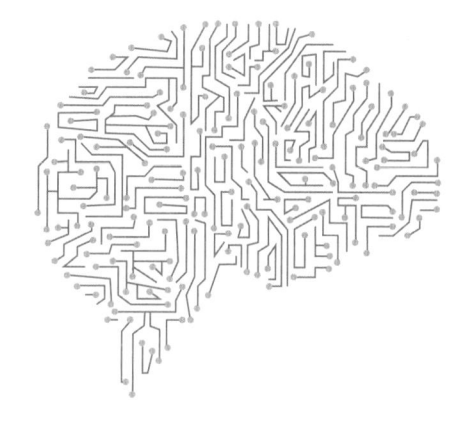

与领导干部 谈AI

人工智能推动第四次工业革命

陈海波◎主编

中共中央党校出版社

图书在版编目（CIP）数据

与领导干部谈 AI：人工智能推动第四次工业革命/
陈海波主编 . --北京：中共中央党校出版社，2020.1（2020.9 重印）
ISBN 978-7-5035-6080-4

Ⅰ.①与…　Ⅱ.①陈…　Ⅲ.①人工智能-研究　Ⅳ.
①TP18

中国版本图书馆 CIP 数据核字（2019）第 277180 号

与领导干部谈 AI：人工智能推动第四次工业革命

策划统筹	任丽娜
责任编辑	任丽娜　牛琴琴
版式设计	苏彩红
责任印制	陈梦楠
责任校对	李素英
出版发行	中共中央党校出版社
地　　址	北京市海淀区长春桥路 6 号
电　　话	（010）68929580（办公室）　　（010）68929899（发行部）
	（010）68922815（总编室）　　（010）68929342（网络销售）
传　　真	（010）68922814
经　　销	全国新华书店
印　　刷	北京盛通印刷股份有限公司
开　　本	700 毫米×1000 毫米　1/16
字　　数	205 千字
印　　张	17
版　　次	2020 年 1 月第 1 版　　2020 年 9 月第 4 次印刷
定　　价	68.00 元

网　　址： www.dxcbs.net　　**邮　　箱：** zydxcbs2018@163.com
微 信 ID： 中共中央党校出版社　　**新浪微博：** @党校出版社

序

第四次工业革命的浪潮已经涌动，这一轮科技革命主要由人工智能、生命科学、量子科技、能源科学等新兴技术推动。而其中，人工智能是新一轮科技革命和产业变革中最有代表性，也最具有引领性的技术。人工智能确实有可能在未来几十年内引领世界科技发展和社会变革，计算科学的飞速发展又给新一代人工智能技术提供了发展动力。世界各国非常重视人工智能，中国有新一代人工智能产业发展计划，美国欧洲也有，可以说世界各国都在抢抓这个领域，人工智能是第四次工业革命的重要推动力，在这一点上，大家基本形成了共识。

当前，发展大数据、人工智能、移动通信、区块链等技术和产业都已上升为国家战略，它们将是新一轮产业变革的核心驱动力，是中国从工业大国升级为工业强国，从传统制造发展到智能制造的新引擎。从技术层面分析，智能制造依托人工智能，即借助机器实现人的"感知""分析"和"决策"。有了感知（视觉、力觉、触觉等），才能赋予制造过程以科学的判断及决策能力。人工智能不仅仅应用在生产环节，还覆盖了制造业的全生命周期，可以优化制造流程，节约资源消耗，提高管理效率，降低生产成本。

过去这些年，科学技术领域的经验教训告诉我们：关键核心技术必须靠自己研发、自主创新来解决，不能靠钱买、靠市场换。目前我国在芯片、基础软件、算法等方面有明显短板，容易受制于人；但同时也有一些长板，如电商、即时通讯、移动支付等互联网技术应用，以及人工智能、大数据、5G、物联网、云计算、区块链等新兴技术，较有可能"弯道"或"换道"超车。

直面新兴技术，对于发展中国家来说有两种可能，一种是抓住新的科技革命提供的机遇，更快地赶上发达国家，另一种是错过机遇，扩大和发达国家的差距。中国发展人工智能有两个有利条件：1.中国的人才资源在数量上有很大优势（虽然在质量方面还有一定差距）；2.中国的市场非常大，应用场景大。过去这些年我们就是利用这种优势逐渐缩小和发达国家的差距，甚至在5G、移动支付、电商等方面赶超了很多国家。我们相信，通过不断地推进人工智能应用的发展，同时也会推进人工智能基础研究的发展，尽快弥补我们在算法方面的短板。

人工智能技术的应用将会是无处不在的，很难说哪个领域以后和人工智能没有关系。理论上说，只要是我们人类能够做的，没有什么是人工智能不能做的，甚至在某些方面会比人类做得更好。人工智能与传统技术方案最大的差别是，前者是"活的"，可以通过不断应用、不断学习、不断改进，进而让效果越来越好。人工智能创新应用的落地和推广，会对各个行业都起到推动作用。总之，人工智能是人创造出来的，理应更好地为人服务。

当然，我们不可能在刚开始就把科技发展中存在的所有问题都预料到，但我相信很多问题都能在发展过程中逐步解决。例如人工智能、大数据等技术应用与用户隐私保护的关系问题，需要在实践中不断地研究和改进。中国和世界其他国家都要共同探讨，互相学习，在推进发展的过程中逐步地解决这些问题。作为行业主管部门应该做好顶层设计，随着技术、产业、应用、生态等的发展，建立相应的规章制度标准。

本书在论述人工智能与第四次工业革命、数字经济、制造业深度融合等理论问题的同时，还提供了内容翔实、图文并茂的案例库，介绍了多家知名人工智能企业赋能不同行业的成果，便于各级领导干部更好地理解技术应用的范围与效果，认识人工智能在推动经济高质量发展中的重大作用。

中国国力的增强对突破关键核心技术的需求越来越迫切，更需要各级党政干部学习科技，学习人工智能，了解人工智能在推动经济增长、推动产业升级换代所起到的关键而长期的作用，从而更坚定地支持基础研究、支持科技企业发展、支持人工智能产业和应用深度结合。

本书旨在帮助各级干部及时把握人工智能兴起的历史机遇，通过大力支持人工智能应用及相关产业的发展，更好地推进当前中国经济社会面临的新旧动能转换、产业转型升级等重大任务，有力地推动我国发展不断朝着更高质量、更有效率、更加公平、更可持续的方向前进。我们相信，处在这样一个重要战略机遇期，人工智能领域的广大科技工作者一定会借鉴过去的经验，下更大决心，以更大力度，充分发挥我国人才资源丰富、市场需求巨大、政府政策优惠、生态环境开放等优势，缩短追赶发达国家的时间，促成我国形成人工智能发展的新格局，助力中国在第四次工业革命和产业变革浪潮中后来居上！

倪光南

2019 年 12 月

目 录

CONTENTS

第一章 >>
人工智能驱动人类美好生活

说起人工智能你会想到什么？是《终结者》中的 T-800，《黑客帝国》中的"矩阵"？还是生产线上的工业机器人，顶尖棋手"AlphaGo"？人类一直希望创造出一种与人类智能类似的机器，为人提供全方位的服务，这种对人工智能的幻想和追求从未停止。[①]

1936 年，英国数学家图灵首次提出计算机构想；1946 年，世界上第一台通用计算机在美国问世；1956 年，人工智能的概念首次被提出；1997 年，国际商业机器公司（IBM）研制的"深蓝"计算机击败世界国际象棋冠军卡斯柏罗夫；2016 年、2017 年，由谷歌旗下 DeepMind 公司研制的 AlphaGo 围棋上演人机大战，战胜人类围棋世界冠军……近年来，随着计算机技术、网络技术的迅速发展，人脸识别、语音识别、自动驾驶、远程控制，人类的许多幻想变成了现实，而人工智能的出现与应用，也让人们的生活变得更高效更美好。

[①]《未来已来，人工智能将如何改变我们的生活？》，https://www.sohu.com/a/ 332708739_354046.

什么是人工智能

在 2013 年拍摄的电影《Her》中，女神斯嘉丽用沙哑性感的嗓音将人工智能萨曼莎演绎得生动、逼真。故事讲述的是主人公西奥多爱上了人工智能系统 OS1 的化身萨曼莎，而随着交流的不断深入，西奥多渐渐因为萨曼莎对于他的深入了解，无法自拔地爱上了"她"①。

图 1—1　电影中主人公开启 AI　　图 1—2　全息影像交互

电影里的人工智能除了高速处理日常事务，更重要的是，她/他就会越来越了解这个人，人类伴侣则越来越依赖这种情感。

电影中大胆地想象着未来的世界，也许这些将会发生在 20 年或者 30 年后，那时我们再也不用与屏幕交互，取而代之的是更加人性化的人工智能，使用语音操控，智能机器人代替人类完成生活中的琐事，说不定年轻人也会有一个 OS1 这样的男/女朋友。

在我们不禁为美国电影超前的题材鼓掌叫好的同时，我们也对

---

①《从人工智能电影〈Her〉看未来的交互场景》，https://www.jianshu.com/p/bfb4c429dba1.

里面那位基于深度学习算法的性感女神萨曼莎产生了好奇。那么，什么是人工智能？

人工智能（Artificial Intelligence，AI）是指计算机像人一样拥有智能能力，是一个融合计算机科学、统计学、脑神经学和社会科学的前沿综合学科，可以模拟人类实现识别、认知、分析和决策等多种功能。如当你说一句话时，机器能够将它识别成文字，并理解它的意思，之后进行分析和对话等。[①]

自 1956 年美国达特茅斯（Dartmouth）会议提出了"人工智能"概念以来，其 60 多年的技术发展吸引着不少专业人士的关注，对它的研究也经历了三起三落。

20 世纪 50 年代到 70 年代初，人们认为如果能赋予机器逻辑推理能力，机器就能具有智能，那时人工智能研究处于"推理期"。当人们意识到人类之所以能够判断、决策，除了推理能力外，还需要知识，人工智能研究在 20 世纪 70 年代进入了"知识期"，大量专家系统在此时诞生。随着研究向前进展，专家发现人类知识无穷无尽，且有些知识本身难以总结后交给计算机，于是一些学者诞生了将知识学习能力赋予计算机本身的想法。[②]

发展到 20 世纪 80 年代，机器学习真正成为一个独立的学科领域，相关技术层出不穷，深度学习模型以及谷歌围棋人工智能、AlphaGo 以及增强学习出行的"感知器"均在这个阶段被发明。随后由于早期

[①]《全面讲解人工智能的过去、现在和未来》，https://www.sohu.com/a/243517319_756411.

[②]《2018 年中国人工智能行业研究报告》，http://report.iresearch.cn/report/201804/3192.shtml.

的系统效果不理想,美国、英国相继缩减经费支持,人工智能进入低谷。

2010年后,人工智能相继在语音识别、计算机视觉领域取得重大进展,随着围绕语音、图像等人工智能技术的创业大量涌现,人工智能从量变实现质变,在全球不少国家和地区呈现出火热的趋势。Google、Facebook、IBM以及BAT、科大讯飞等国内外实力较强的科技公司,积极推动人工智能商业应用落地,一些初创型企业也如雨后春笋般出现,资本对与人工智能概念相关的投资标也频频伸出"橄榄枝"[1]。2016年起,人工智能的发展逐渐克服技术能力的限制,走出实验室,落地成为产业。

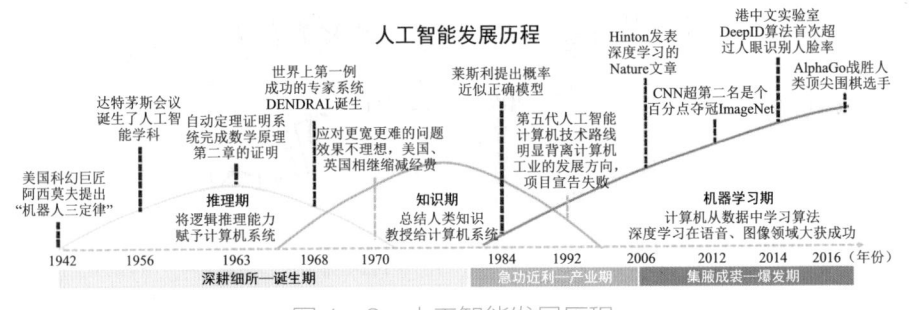

图1—3 人工智能发展历程

当前,随着移动互联网、大数据、云计算等新一代信息技术的加速迭代演进,人类社会与物理世界的二元结构正在进阶到人类社会、信息空间和物理世界的三元结构,人与人、机器与机器、人与机器的交流互动愈加频繁。人工智能发展所处的信息环境和数据基础发生了深刻变化,愈加海量化的数据、持续提升的运算力、不断优化的算法模型,结合多种场景的新应用已构成相对完整的闭环,成为推动新一代人工智能发展的四大要素。[2]

---

[1]《经过三起三落,人工智能是毋庸置疑的真风口》,http://capital.people.com.cn/n1/2018/0824/c405954-30249938.html.

[2]《新一代人工智能发展白皮书(2017)》,http://www.199it.com/archives/694966.html.

第二节 // **人工智能产业图谱**

通过梳理从研发到应用所涉及的产业链各个环节，可以将新一代人工智能在当前的核心产业分为基础层、技术层和应用层。其中，基础层是人工智能产业的基础，主要是研发硬件及软件，如 AI 芯片、数据资源、云计算平台等，为人工智能提供数据及算力支撑；技术层是人工智能产业的核心，以模拟人的智能相关特征为出发点，构建技术路径；应用层是人工智能产业的延伸，集成一类或多类人工智能基础应用技术，面向特定应用场景需求而形成软硬件产品或解决方案。[①]

图 1—4　人工智能产业链结构

① 《2019 年人工智能行业现状与发展趋势报告》，https://bg.qianzhan.com/report/detail/1910081709070618.html#read.

结合人工智能细分领域的几大应用技术，其潜在的应用场景可包括多个方面：

计算机视觉：2000 年左右，人们开始用机器学习，用人工特征来做计算机视觉系统，如车牌识别、安防、人脸等技术。而深度学习则逐渐运用机器代替人工来学习特征，扩大了其应用场景，如无人车、电商等领域。而未来的人工智能应更加注重效果的优化，加强计算机视觉在不同场景、不同问题上的应用。

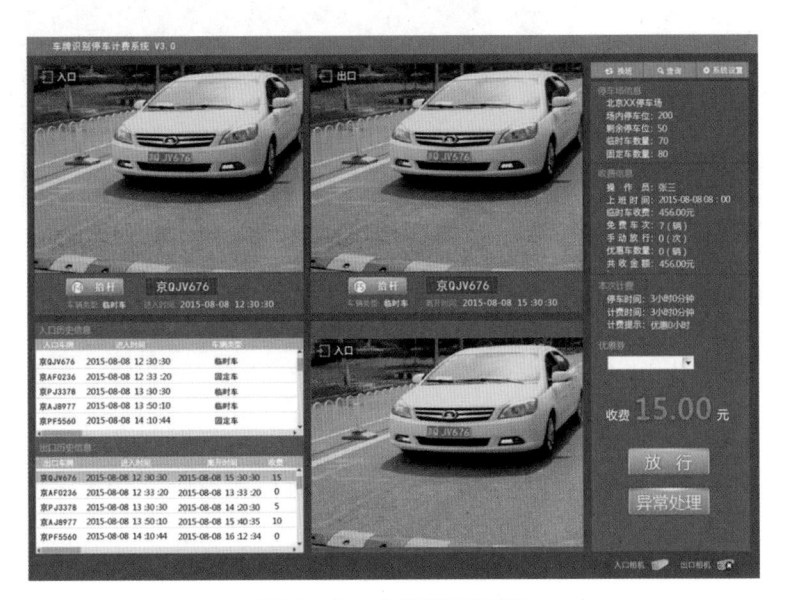

图 1—5　车牌识别系统

语音识别 / 语义理解：2010 年后，深度学习的广泛应用使语音识别的准确率大幅提升，像 Siri、Voice Search 和 Echo 等，可以实现不同语言间的交流，从语音中说一段话，随之将其翻译为另一种文字；再如智能助手，你可以对手机说一段话，它能帮助你完成一些任务。与图像相比，自然语言更难、更复杂，不仅需要认知，还需要理解。在语音场景下，当前的语音识别虽然在特定的场景 (安静的环境）下，已经能够得到与人类相似的水平。但在噪声情景下仍有挑战，如远场识别、口语、方言等长尾内容。未来需增强计算能力、提高数据量和提升算法等来解决这个问题。

图 1—6　智能音箱可以实现语义理解

自然语言处理：目前一个比较重大的突破是机器翻译，这大大提高了原来的机器翻译水平。例如，Google 的翻译系统，是人工智能的一个标杆性的事件。2010 年左右，IBM 的 Watson 系统在一档综艺节目上，和人类冠军进行自然语言的问答并获胜，代表了计算机能力的显著提高。因此，我们可以看到机器的优势在于拥有更多的记忆能力，但却欠缺语义理解能力，包括对口语不规范的用语识别和认知等。人说话时，是与物理事件学相联系的，比如一个人说电脑，人知道这个电脑意味着什么，或者它是能够干些什么，而在自然语言里，它仅仅将电脑作为一个孤立的词，不会去产生类似的联想，自然语言的联想只是通过在文本上和其他所共现的一些词的联想，并不是物理事件里的联想。所以如果要真的解决自然语言的问题，将来需要去建立从文本到物理事件的一个映射，但目前仍没有很好的解决方法。因此，这是未来需要着重考虑的一个研究方向。

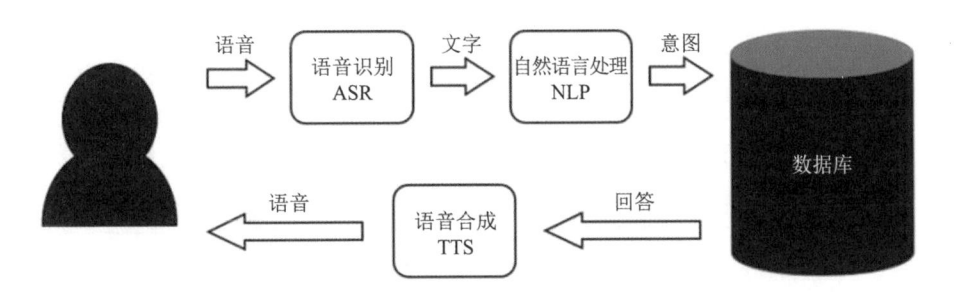

图1—7 机器人如何听懂人类语音

决策系统：决策系统的发展是随着棋类问题的解决而不断提升，从20世纪80年代西洋跳棋开始，到20世纪90年代的国际象棋对弈，机器的胜利标志着科技的进步，决策系统可以在自动化、量化投资等系统上广泛应用。但当下的决策规划系统存在两个问题，第一是不通用，即学习知识的不可迁移性，如用一个方法学了下围棋，不

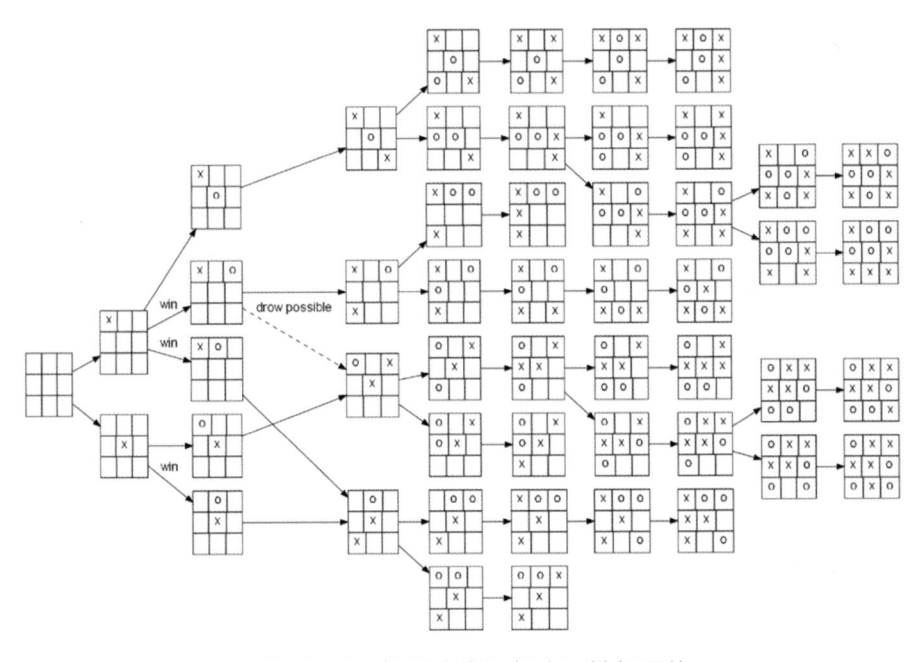

图1—8 机器人学习与人工神经网络

能直接将该方法转移到下象棋中，第二是大量模拟数据。所以它有两个目标，一个是算法的提升，如何解决数据稀少或怎么自动能够产生模拟数据的问题，另一个是自适应能力，当数据产生变化的时候，它能够去适应变化，而不是能力有所下降。这些问题，都是下一个五到十年我们希望很快解决的。

大数据应用：可以通过用户之前看过的文章，理解用户所喜欢的内容而进行更精准地推荐；分析各个股票的行情，进行量化交易；也可以分析客户的一些喜好而进行精准地营销等。机器通过一系列的数据进行判别，找出最适合的一些策略反馈给商家。

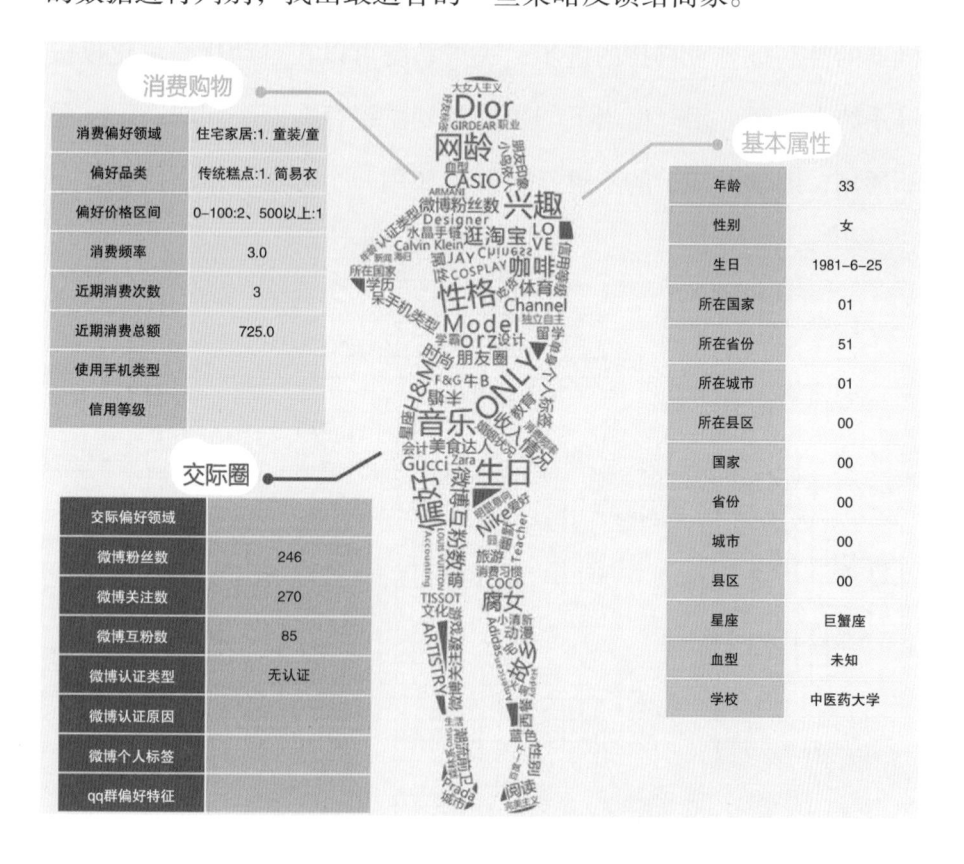

图 1—9　大数据时代的用户画像

人工智能自诞生以来，理论和技术日益成熟，应用领域也不断扩大，可以设想未来人工智能带来的科技产品，将会是人类智慧的"容器"。人工智能可以对人的意识、思维过程进行模拟。有人说人工智能是"潘多拉的魔盒"（潘多拉的魔盒为希腊神话中的一件物品，宙斯给潘多拉一个密封的盒子，里面装满了祸害、灾难和瘟疫等，让她送给娶她的男人。最终被打开释放了出来）。如果说我们没有能力控制人工智能的智慧，那么我们将会面临什么，这是未知的。人类创造了人工智能，但也要有能力控制人工智能。①

———————————

① 《什么是人工智能》，https://baijiahao.baidu.com/s?id=1633107092598804250&wfr=spider&for=pc.

结　语

自从 AlphaGo 火遍全球后，无论是科技圈大佬还是老百姓都开始谈论起人工智能。毫无疑问，人工智能的发展将会给全球发展和人类生产生活带来翻天覆地的变化，《新一代人工智能发展规划》的出台也表明这项技术将会成为未来十几年我国重要的经济增长点。

人工智能的产业规模与社会价值堪比之前的蒸汽技术革命、电力技术革命和计算机及信息技术革命。因此，如何将人工智能技术与百姓的日常生活紧密结合，实现产品应用与产业培育，是摆在每一家 AI 企业面前必须思考的难题。企业需要在关键核心技术与商业应用落地上并驾齐驱，将人工智能技术不断深化完善。

在可以想象的未来，作为一项通用技术，人工智能将会在人类社会各领域都得到应用。预计未来智能程度还将不断提高，对各行业的带动和影响也将更为深刻，这是其他技术难以比肩的。

如果说，前几次工业革命可以看作是人的手、脚等身体器官的延伸和替代，那么这次人工智能技术的出现则将史无前例的成为人类自身的替代。正因如此，有人担心自己的岗位会被智能机器人取代。其实，每一次技术变革都会在淘汰一些行业的同时，也将催生出更多的新兴产业。与其过度担心技术的发展与进步，我们更应做的是去提升自身能力，积极从容地面对每一次变革，跟上时代前进的步伐，拥抱 AI 带来的美好生活。

第二章

人工智能已成为国际竞争新焦点

"人工智能是引领这一轮科技革命和产业变革的战略性技术，具有溢出带动性很强的'头雁'效应。在移动互联网、大数据、超级计算、传感网、脑科学等新理论新技术的驱动下，人工智能加速发展，呈现出深度学习、跨界融合、人机协同、群智开放、自主操控等新特征，正在对经济发展、社会进步、国际政治经济格局等方面产生重大而深远的影响。加快发展新一代人工智能是我们赢得全球科技竞争主动权的重要战略抓手，是推动我国科技跨越发展、产业优化升级、生产力整体跃升的重要战略资源。"

——习近平在中共中央政策局第九次集体学习时的讲话

人工智能的浪潮正在席卷全球，世界主要发达国家把发展人工智能作为提升国家竞争力、维护国家安全的重大战略，加紧出台规划和政策，围绕核心技术、顶尖人才、标准规范等强化部署，力图在新一轮国际科技竞争中掌握主导权。人工智能已成为国际竞争的新焦点。

第一节 科技创新决定国际竞争格局

"科学技术是第一生产力"

——中国社会主义改革开放和现代化建设总设计师 邓小平

科技兴、国家兴，国与国竞争的格局扭转才有可行契机。19世纪兴起的机器化、20世纪兴起的电气化，使英、法、德、意、美、日等国先后在工业化大潮中崛起，而沉睡在小农经济摇篮里的中国，却被涤荡得满目疮痍。现在，信息化正由兴到起、化潮为流、浩荡向前，正以更加猛烈之力激荡着新一轮国家兴衰、再一次世界排序。充分认识科技创新的基础性地位、推动性作用、革命性影响，准确把握科技创新与国际竞争格局演变的逻辑关系，对于实现中华民族伟大复兴中国梦，具有极为重要的意义。[1][2]

科技创新是社会发展内生驱动力

科技创新是社会发展内生动力，它推动社会发展、提升国家实力，外化为国际竞争力。中国的历史辉煌和欧美国家的崛起，都能印证这一真理。

文艺复兴之后，随着近代物理学的诞生和电磁、电子等的发现，

---

[1]《人工智能已成国际竞争新焦点》，http://www.sohu.com/a/216675393_115495.

[2]《科技创新与国际竞争格局演变》，https://www.sohu.com/a/152543214_466951.

西方兴起了一波又一波的技术革命和产业革命，为人类开启了利用自创科技征服自然、改造自然的新路径，也为人类社会变革开启了新画卷，以致亲眼见证这一进程初始的恩格斯明言："科学是一种在历史上起推动作用的、革命的力量。"

第一次工业革命不仅使偏安于欧洲大陆边沿的英国崛起为日不落帝国，也使紧随其后的德、法、意、美等实现了由农业国向工业国的转型，以致为工业化所设计的资本主义制度，至今仍被西方奉为世界不二"典范"。就连抓住这一进程尾巴的日本，也通过明治维新而挤进亚洲之强行列，在挤进列强俱乐部的同时，开始了对中国的侵略和践踏。

继之，美国引领了以电气化为主要标志的第二次工业革命，西方老牌工业化国家和日本紧随其后。亚洲一些国家和地区尾随跟进，在中国大陆周边形成了日本领先、"四小龙"随后的技术密集型经济格局和较发达经济体。科技创新、工具革新、产业升级、经济转型、制度跟进的自我调整，再次证明社会发展规律可遵不可违。

最近半个多世纪，以信息化为标志的第三次工业革命正在迅猛发展。它虽始于以美国为首的传统工业化国家，但以中国为代表的众多既补工业化"课"又上信息化"学"的国家正在积极跟进，形成了传统工业化国家和新兴工业化国家百舸争流的局面。一如前几次产业革命一样，信息化绝不仅是一个技术进程，而是波及社会全领域、全层面，包括经济形态、政治生态等的全方位社会转型。这一转型潮，所裹挟的力量更多元、更猛烈，且在经济全球化的今天，国家间的相互激荡也更全面、迅速、具体、激烈。它将迫使包括中国在内的所有国家，不得不以前所未有的眼光、举措予以应对。如其典型代表——互联网，它能从技术上改变人与人的时空关系、利益关系，也能从技术上改变原料、资本、工具、劳动、产品、市场等经济要素的配置关系、交互关系。自然，它还将以前所未有的伟力，几乎是强制性地改变与这些关系不相适应的所有制度安排，它将更具体地体现恩格斯所说"革命的力量"。所以，世界各国都要过网络这一关，除了技术关，更重要的是"基于网络"和"由于网络"的一系列思想关、制度关。

科技创新是军事变革内在推动力

武器装备是科学技术的物化，武器装备的技术形态转变又直接促动着战争形态的转变。如冶金技术的诞生直接导致了战争形态的金属化，机械技术的诞生则直接导致战争形态的机械化。同样，信息技术的发展正催动着战争形态向信息化演进。能否在这一轮次的科技革命中实现新的军事变革、形成新质作战能力、改变力量对比，是能否打赢未来信息化战争的重要方面。

经过60多年，特别是近10余年的发展，我国在国防先进技术方面取得了许多重大突破，基本实现了从跟踪模仿到在相当多领域和方面与世界发达国家同台竞技甚至有所领先的历史性转变，一些杀手锏武器已成支撑大国地位的国之重器、运筹国际战略博弈的重要砝码。总结这些年国防科技研发的经验教训，一个突出方面就是，凡是没有自我储备、没有自主能力的技术，都有引进"被敲竹杠"、关键节点"被卡脖子"的现象。即便是引进低技术也要付出高昂代价，试图引进核心技术、高新技术、基础技术、关键技术更是不可能。越是有所突破、站在前沿、自主可控的技术和领域，别国越愿合作、转让。北斗导航没有搞成之前，欧洲有意合作，美国坚决反对。精确授时技术，我方每提升一个量级，外方就放开该量级的输出。先进加工制造，即便是民用也被西方、日本严控。新材料研发更是如此。落后者花钱买到的，将永远是二流以下的技术。那些"交钥匙""能衍生"，特别是能引发作战能力质变跃升的国防技术是根本买不来的。这就证明，科技创新特别是国防科技创新，只有一条路，那就是靠自己。只有切实拥有自主可控的先进科技，军事斗争才有底气。否则，就相当于"命门"掌握在别人手里，无论市场竞争还是战场打仗，都不可能赢。

科技创新是国际竞争决定性实力

国与国的竞争，说到底是基于国家综合实力的博弈。底线是硬实力，灵活在软实力。而无论硬实力还是软实力，源头都在科技创新力。没有科技创新力，难以获得国际博弈的持久力。

二战以前，西方列强主要是通过科技转化的硬实力来博取国际竞争优势，侵略、征服、掠夺是主要方式。大英百余年"日不落帝国"，支撑它的主要是以蒸汽动力为代表的技术，向工业、商业转移和武器装备物化，进而形成工商业与军事扩展、殖民占领与攫取更大利益的互溢。后因创新乏力，经第一次、第二次世界大战，这样的互溢败落致使辉煌不再。

二战之后，以美国为代表的西方发达经济体，进行国际竞争的惯常模式仍是基于科技创新，政治、经济、军事、外交多手并举。

只不过利用其在国际政治、货币、贸易、媒体等方面的既定优势地位，以更突显的方式展示了其产业升级、国际贸易的"功绩"，而以更隐蔽的方式掩盖了其他手段与工商业等的关系。但是，像美国那样坚信国际竞争主动权的关键是赢在科技创新起跑线上，并通过制度设计和完善立法将科技创新作为国家精神和文化基因予以秉持，对其他国家确有启示意义。像计算机、互联网等现代重大科技之所以发源于美国，众多诺贝尔奖获得者来自美国，与其浓厚而富有特色的科技创新文化和周密而重视激励的科技创新制度，有着直接的关系。其中，鼓励质疑求异、容忍探索失败，是美国的科技创新特色之一。这一点在军事上体现得最为明显。美国国防部的高技术局，长期致力于"改变游戏规则"的颠覆性学科和技术研究，其《2013—2017年科技发展计划》，就致力于超级材料、量子信息、脑控、纳米、合成生物、人类行为计算机研究。此前已经在高隐身飞机、全球监视与打击网络、空间态势感知和超高速全球打击等能够改变作战时空规则的重大技术上寻求突破。

全球化背景下，美国等发达国家认为，科学技术的流动性显著提高，基于科技创新的国际竞争越来越激烈，他们将不得不更加重视科技创新才能继续保持国际竞争优势。美国的"国家创新战略"，将GDP的3%用于科技创新；将投入数千亿支持"材料基因组""大数据""脑科学"等研发。同时，他们也采取措施，对以中国为代表的新兴国家进行越来越严格的技术防范甚至专门遏制。他们虽对中国倡导的"利益共同体""命运共同体"理念表示赞同，但也以各种名义、打着种种旗号对中国实行技术封锁和防控，甚至把与中国的科技创新竞争上升到两种制度、两类价值观的比拼，以政治、经济、思想、文化和军事的多种手段，对中国实施西化、分化和遏制战略。早前压制以色列以取消其与中国的预警机研制合作，近来压制土耳其取消其向中国采购防空导弹，专门针对中国开展所谓"黑客"调查，甚至筹划对中国的网络战，就是这一战略的组成。

用科技创新助推中华民族伟大复兴

毛泽东同志指出：人民，只有人民，才是历史的创造者。中国人民高举技术创新的火炬创造过古代辉煌文明，也能再次高举科技创新的火炬实现中华民族伟大复兴的中国梦。

我国在 20 世纪 50 年代开始实施的"12 年科技规划"，曾取得"两弹一星"的辉煌成就，使中国成为具有重大影响力的世界大国，为国家长期和平发展赢得重大战略机遇期。改革开放后，继续实施科教兴国、科技强国战略和 863 等科技攻关计划及重大专项，取得的一大批在国际上具有广泛影响、对经济社会发展和国防安全有重大意义的成果，使中国在世界高科技领域占有了一席之地。据 2015 年世界经济论坛测算，中国的国家竞争力全球排名升至 28 位，大幅领先其他金砖国家。如今的中国已是世界第二大经济体、世界第一制造大国、全球第一贸易大国，超过美国，成为 120 多个国家和经济体的第一大贸易伙伴。无疑，这背后有着科技创新做出的巨大贡献。但实事求是地看，我国的自主性科技创新力还不强，无论是在技术积累，还是管理体制、产业政策、市场机制、人才队伍等方面，仍与发达国家有着较大差距，推进经济转型升级、提升国家综合国力、参与国际综合竞争和角力，还受制于科技创新力。美国前副总统拜登曾这样评价："中国不缺富人，但缺乏具有高科技含量的富人。"不论其观点是否带有偏见，是否有失公允，但对处于民族复兴关键期的中国来说，应该予以深思。

洋务运动曾使远离近代科技的中国，靠赎买予以最大限度地接近近代科技，但"师夷长技"并未让当时的中国认识到科技创新的真谛和伟大创造力。今天的中国要实现民族复兴，在这样的历史机遇和阶段上，能否按照科技创新驱动发展机理，有效激发全民科技创新活力、发挥科技创新伟力，事关国家、民族长远发展。不然，在新一轮世界科技革命浪潮中，中国仍有被甩在时代后面、拉大与发达国家差距的危险。中国仍需增强创新精神，紧紧把握世界科技革命和产业革命脉动，通过超前谋划，科学部署，顺势而为，努力赢得科技革命、产业革命主动权。仍要深化科技体制改革，建立与科技发展规律相符合，与社会主义市场经济体制相适应的现代科技体制，让科技创新更好地支撑和引领经济社会发展、国防和军队建设。持续推动军民融合向深度发展，继续推进工业转型升级，在发挥传统比较优势的同时，大力加强科技人才队伍建设，努力培育科技创新和人力资源双优势，以实现中国制造从"制"到"创"、由大到强的质变。只有把中国建成科技强国、创新大国，才能在国际竞争中赢得应有的权利和地位。2018年国家出台全国"大众创业 万众创新"激励政策，仅2018年上半年就新增企业营收8000多亿元，拉动GDP增速达到0.4个百分点，呈现出稳增长、促就业、调结构的积极效果，创新驱动的巨大能量正在涌现。

第二节 / 人工智能——新一轮国际军事革命的暴风中心

经过 60 年的发展，作为引领新一轮科技革命和新军事变革的战略前沿技术，人工智能技术已成为当前世界主要国家打造战略新优势、提升核心竞争力的重要手段。牢牢把握科技革命战略机遇，大力发展人工智能技术，对于抢占国防科技战略制高点、提升武器装备系统化、信息化、智能化、实战化水平具有重大意义。[①]

人工智能对国防军事现代化建设的重要意义

当今世界安全领域高技术化特点愈发明显，前沿颠覆性技术不断涌现，正在重塑世界竞争格局、改变国家力量对比。世界军事强国纷纷对关系未来竞争发展的重点领域做出前瞻性、战略性部署，抢夺发展先机，构筑竞争新优势。经过 60 年的发展，特别是近 10 年来，随着大数据、云计算、物联网、高端芯片、超级计算机等技术的发展应用，人工智能技术呈现出革命性突破的先兆和集中爆发的态势，具有从根本上改变战争方式的潜力，正广泛应用于经济、社会、军事、文化、教育等国民经济和社会生产的众多领域，成为大国拓展生存发展空间和捍卫国家利益的重要力量。

人工智能技术越来越多地走上"战场"，推动"战争"形态从信息化战争向智能化战争加速演进，为创新作战理念和作战样式开

---

① 《紧抓人工智能技术发展战略机遇期抢占国防科技竞争制高点》，http://www.cnki.com.cn/Article/CJFDTotal-XDJI201611031.htm.

辟了新空间。人类战争史已经历了冷兵器时代、热兵器时代、机械化时代、信息化时代，而人工智能正在加速智能化战争时代的到来。以网络为中心的陆、海、空、天、网电一体化联合作战成为基本作战样式，基于信息系统的体系作战能力成为战斗力的基本形态，拥有高阶智能化水平的军队对于传统军队具有压倒性优势，人工智能使得战场感知能力和信息处理能力空前提高。战争形态和战争样式的不断演化，大量智能化武器装备的应用，催生了"母舰理论""蜂群战术"等新的作战理论。[①]

人工智能技术有助于改善武器装备的性能，使其具备更高的精度、更快的响应速度、更强的适应性，可显著提升武器装备的整体效能。会学习、能思考、通计算、善记忆是人工智能的最大优势。信息化、智能化是高技术武器装备的典型特征。以现代战争中使用精确制导武器占弹药总量的百分比为例，海湾战争为8%、科索沃战争为35%，阿富汗战争为60%，伊拉克战争则100%使用了精确制导武器。近年来，高超声速飞行器、战术激光武器、微波武器、电磁轨道炮等新型武器装备，从功能、性能到构型、配置，信息化和智能化程度均大幅提高，这些是人工智能技术实用化的结果。[②]

人工智能技术不仅大幅提升了武器装备"人—机"环中"机"的自主能力而且以非接触、零死亡、可持续作战等性能提高了"人"的战场态势感知能力。自主识别、任务规划、人机交互等人工智能技术的突破和应用，最大限度发挥了武器装备的指挥、控制、通信、计算、情报、侦察和监视能力，有助于提升武器装备的智能化水平，

①《人工智能叩开智能化战争大门》，http://www.xinhuanet.com/mil/2017-01/23/c_129459228.htm.

②《精确制导可以对抗——中国专家分析高科技武器》，http://mil.news.sina.com.cn/2003-04-04/118862.html.

也具备从物理技能、生理机能、心理效应等层面提高作战人员对战场环境态势感知的能力。例如，"全球鹰"无人机可按照飞行计划自主规划飞行路线，并能在紧急情况下实现任务重规划；F-35战机的智能辅助决策系统可将视觉交互与语音识别的听觉交互进行融合，并通过虚拟现实技术显示在头盔上，实现了对态势感知的评估和战术任务的辅助决策，帮助作战人员快速准确把握战场态势环境。

在顶层战略布局方面，美国加强前瞻谋划，力图成为人工智能领域游戏规则的制定者

美国自 2011 年推出"国家机器人计划"以来，2013 年 4 月又公布了"推进创新神经技术脑研究计划"，重点开展人类大脑工作机制探索，促进人工智能、机器人、神经形态计算系统发展，实现人工智能向高级别模拟人脑跃升。2014 年 11 月，美国国防部宣布启动"第三次抵消战略"，发起以技术创新为核心的新一轮国防创新行动，重点发展人工智能、自主系统、增材制造等具有改变战争游戏规则的颠覆性技术，仅美国国防部高级研究计划局在 2015—2016 年在人工智能领域的投入就达到 18 亿美元。2015 年最新版《美国国家创新战略》高度关注人工智能，白宫科技政策办公室在 2016 年成立了专门工作组研究人工智能的潜在影响和风险，美国国家科学技术委员会设立了"人工智能和机器学习委员会"指导人工智能科技发展。2019 年 9 月，美国空军发布《空军人工智能战略》，作为美国国防部人工智能战略的附录。2019 年 11 月，美国防创新委员会发布"负责、公平、可追踪、可靠、可控"五大军用人工智能应用伦理原则，旨在为美国国防部未来如何在战斗和非战斗场景中设计、开发和应用人工智能提供建议。[①]

在关键技术研究方面，高等院校、国防科研机构、企业是美国人工智能技术研发的主力军

一是以斯坦福、麻省理工、伯克利等为代表的高校长期专注于人工智能前沿理论方法研究，涌现了 Hinton、Yann LeCun、吴恩达等人工智能领域顶级专家，在模式识别、机器学习、图像识别、自然语音理解等理论研究方面取得重大突破。如斯坦福大学人工智能研究中心提出的深度神经网络方法，能够实现从软件层面模拟大脑知觉机制，在图像识别方面已接近人类水平。

二是以美国国家航空航天局 DARPA 为代表的政府部门长期支持国防科研机构开展无人机作战系统、智能导弹系统、电子战系统、武器装备故障诊断等关键应用技术攻关，推进人工智能技术在武器装备研制生产和维护保障领域应用发展。如 DARPA 长期支持海军人工智能应用研究中心开展"拒止环境中的协同作战""蜂群挑战"等项目研究，实现有人 / 无人系统协同作战，提高了武器装备战场态势感知能力。

三是以高通、IBM 为代表的商业公司发挥其在硬件研发方面优势，聚焦人工智能基础层开展类脑芯片技术研究。高通公司通过模拟神经结构和大脑处理信息的方式，研发出具有自主学习能力的大脑芯片。IBM 公司研发出新一代模拟人脑的"真北"芯片，拥有 100 万个神经元内核、2.56 亿个突触内核和 4096 个神经突触内核，功率仅为 63 毫瓦，计划 2019 年对人类大脑进行完全模拟。[②]

---

① 《美国防创新委员会发布军用人工智能伦理原则》，http://www.xinhuanet.com/2019-11/01/c_1125183390.htm.

② 《神经芯片真来了！智能机器人还有多远？》，https://m.hexun.com/tech/2014-08-28/167944829.html.

在国防军事方面，美欧国家加快推进人工智能技术在军事指挥、协同作战、新型装备及军工制造方面应用

一是在军事指挥决策领域，具有推理、分析、预测、决策等功能的智能化指挥系统，可以大幅提升军事指挥制造活动的准确性和有效性。正如某军事专家所说，"没有人工智能参与的军事决策指挥存在不可逾越的生理短板"。未来人工智能将进入作战样式设计、方案制定、效果评估、推演验证等关键领域，人与机器都将成为作战主角，人机融合模式成为军事决策指挥的基本形态。

二是在协同作战方面，美欧先后突破无人机协同飞行、无人艇蜂群作战、无人潜航器组网探测等多项关键技术，成功开展有人 / 无人作战飞机编队飞行试验。2014 年 3 月，欧洲多国联合研发的"神经元"无人作战飞机实现了与"台风"战斗机、"隼"7X 公务机的编队飞行，持续时间近 2 小时，航程达到数百千米。同年 8 月，美国"大黄蜂"战斗机与无人舰载机在"罗斯福"号航母上空 360 米高度，以 193 千米小时的速度成功完成协同飞行试验。近年来，作战机器人开始加入备战，在某些方面已达到替代人的水平。2014 年，俄罗斯在全国 5 个弹道导弹发射基地部署自主机动式安保机器人系统，协同安保部队执行警戒、攻击、检测等任务。

三是在智能武器装备研制应用方面，脑控武器装备、仿形机器人研制取得重大突破，无人自主系统加快向实战应用迈进。美国明尼苏达大学研制出脑电波遥控直升机，躲避固定障碍物成功率高达 90%，实现了人脑对直升机的直接控制。波士顿动力公司研制的"阿特拉斯"仿人形机器人具有大步行走、单腿站立、跳跃攀爬和躲避障碍等性能。诺·格公司研制的 X-47B 无人舰载机先后完成自主弹射起飞、自主阻拦着舰和自主空中受油，标志着 X-47B 迈出向实战化应用的关键一步。

四是在军工制造领域，利用现代传感、网络、人工智能等技术，实现设计制造过程和制造装备的智能化，已成为 21 世纪军工制造的重要发展方向。2015 年 2 月，美国通用电气公司按照工业互联网理念建立了智能制造工厂，实时感知、分析、优化制造资源和制造过程，无需人员和设备调整即可迅速转产，产品研发周期缩短 20%，制造及供应链效率提高 20%。2015 年 6 月，芬兰 JOT 公司推出一种自适应加工机器人，可在一个连续工序中自动实现发动机涡轮叶片加工、检测和抛光，缩短了切削时间，显著提高零件尺寸精度。2015 年，NASA 研制出世界最大的机器人复合材料纤维铺放系统，其臂长 6.4 米，安装在长 122 米的轨道上，机械臂头部一次可装入 16 束碳纤维，能在多个方向上精确运动，以实现精细铺丝，将为航天发射系统（SLS）建造直径超过 8 米的全球最大的复合材料液氢贮箱。[①]

①《机器换人大势所趋，核心零部件国产化最具投资价值 ——军民融合系列报告之二》，http://www.sohu.com/a/255284750_481756.

第三节　　我国在这场人工智能竞争中的表现

近年来，随着云计算、大数据物联网、移动互联网等信息技术的不断成熟和发展，大规模内需潜力的不断释放，以及一系列支持制造强国和网络强国建设、推动"互联网+"行动、鼓励大众创业、万众创新政策措施的陆续出台，为我国人工智能产业发展提供了良好的技术基础、广阔空间和政策环境，人工智能领域基础研究能力显著提升、工程化应用持续推进、商业产品日趋丰富、产业规模不断壮大。

2016年7月，国务院印发的《"十三五"国家科技创新规划》中，人工智能是其中出现频率较高的关键词之一，也是入选"科技创新2030重大项目"的重大科技方向之一。此外国家发展改革委联合多部门印发了《"互联网+"人工智能行动规划》，并在《战略性新兴产业重点产品和服务指导目录》的"新一代信息技术产业"中，首次增加了人工智能产业。国防科工局、军委科技委、军委装备发展部等有关部门也制定了一系列支持人工智能技术发展的政策文件。

在国家有关部门大力推动下，我国科研院所、高校和企业积极开展人工智能技术研发与产业化，已基本覆盖人工智能产业链各个环节，取得了一定成效。

在基础研究方面，中科院计算所基于仿生学原理突破了神经形态芯片"寒武纪"的关键技术，芯片性能较其他主流图形处理器提升21倍，功耗仅为1/300；中科院自动化所构建了模拟人脑神经网络的类脑计算模型，可在少量训练条件下实现自主躲避和移动障碍物；清华大学围绕脑科学开展类脑建模、认知脑模拟等基础理论研究。

在重点技术研发方面，我国企业在模式识别、语义理解、专用芯片、开放平台等领域都形成了一定的基础或优势。军工科研院所也结合业务优势，突出武器装备性能提升，在目标识别、自主导航、人机交互、无人车辆等方面开展了大量的关键技术攻关。

在产业化发展方面，国内互联网企业加大研发投入，创业型公司表现活跃，形成百度、科大讯飞、华为等一批推动人工智能产业化的领军企业。百度 2014 年研发投入近 70 亿元，占当年营收比例 14.23%，2015 年研发投入超过 100 亿元，并于 2016 年启动百度大脑计划，重点围绕深度学习、图像识别、无人驾驶、语音识别、机器人智能医疗等领域布局一系列人工智能产品和服务；阿里巴巴公司在 2016 年推出国内首个人工智能平台 DTPA，计划打造智能物联生态圈；腾讯公司则从图像识别到语义分析，从机器人到物联网都有布局，未来还将通过"TOS+"战略整合 QQ 物联与微信，实现两者在智能硬件领域的并行发展；科大讯飞以语音识别切入产业布局，在口语翻译、语音识别和语音理解、机器检测等方向均获得较大成就。①

---

①《中国人工智能解析：人工智能在多种领域的应用》，http://www.sohu.com/a/114470814_297710.

结　语

　　总体来看，与国外发达国家相比，虽然我国在人工智能产业发展规模方面已位于世界前列，仅次于美国，但在核心技术研发实力与工程化应用水平等领域仍存在一定差距，特别是在促进国防科技前沿技术创新、提升武器装备研制生产能力方面，缺乏大量针对性的前沿基础技术研究，已有研究成果缺乏工程化应用和实践检验，难以满足武器装备实战化、网络化、智能化、自主化的发展需求。

　　因此，我们还需在以下四个方面加强布局：一是科研机构和人工智能企业尚未形成具有国际影响力的生态圈和产业链，关键技术创新能力有待提升，产学研合作有待进一步加强；二是缺少重大原创成果，在基础理论、核心算法以及关键设备、高端芯片、重大产品与系统基础材料、元器件、软件与接口等方面差距较大；三是适应人工智能发展的基础设施、政策法规、标准体系亟待完善，公共数据资源库、标准测试数据集等公共服务平台缺失，对产业支撑能力不足，对安全风险等潜在问题缺少政策研究；四是专业人才培养体系尚不健全，人工智能尖端人才远远不能满足需求。

　　当然，我们也不能太过妄自菲薄，中国拥有众多可以实现弯道超车的机会，中国有世界上最好的政策环境，中国有世界上最大的人工智能应用市场，中国有实际上最海量的数据资源，所以我们现在要做的是全力奔跑。

第三章

人工智能引领第四次工业革命

近两年，全球 IT 巨头纷纷布局人工智能领域：谷歌相继收购以机器学习研究应用领域的 DeepMind、Kaggle 为代表的人工智能公司、IBM 打造 Watson 平台、百度进军无人驾驶汽车、阿里联合杭州市政府打造"城市数据大脑"、腾讯成立 AI 实验室……毋庸置疑，人工智能时代已经到来。之所以说它是一个时代，而不是单纯的"风口"，因为它的出现意味着第四次工业革命的序幕悄然拉开，人类历史即将再一次被颠覆。

"革命"本义指变革天命，后来词义扩大，泛指重大革新，不再限于政治，指的是一种推动事物发生根本变革的彻底的颠覆，引起事物从旧到新的质的飞跃。凡是可以冠之"革命"二字的，皆是引起社会关系深刻变革的推动着人类历史进程快速前进的重大事件。工业革命之所以被称为"革命"，原因便在于此。

第一节 前三次工业革命：颠覆，还是颠覆！

250 年前，英国以蒸汽机技术引领了第一次工业革命，成为世界第一强国，"日不落帝国"殖民地遍布全球；150 年前，德国西门子等一批企业崛起，带动德国引领了第二次工业革命电气化，德国成为第一工业强国和科技强国；20 世纪 40 年代，美国发明了计算机推动了互联网发展，成为第三次工业革命的引领者。

前三次工业革命都是由一系列独立却相互关联的创新技术所推动的，这些创新大大提高了产能，减少了获得产出所需的投入，包括劳动力、时间和材料。这些进步重塑了社会经济，改变了人类的日常生活。[1]

第一次工业革命——蒸汽技术革命

始于 18 世纪 60 年代，英国一名普通的纺织工哈格里夫斯发明了以他的女儿名字命名的珍妮纺纱机，纺纱效率和质量的提高为他带来了日渐富裕的生活，但他自己还没有意识到这项发明的伟大意义：成为英国工业革命开始的标志。而工业革命真正意义上的标志则是十年之后苏格兰数学仪器制造师瓦特的发明——蒸汽机，世界

---

[1]《第四次工业革命：区块链与人工智能并行的自治经济时代崛起》，https://baijiahao.baidu.com/s?id=1631569358191977424&wfr=spider&for=pc.

工业由此进入蒸汽时代。

第一次工业革命的主要推动力是两种关键能源：蒸汽和煤炭。蒸汽机在工程学上取得了一系列突破，与此同时出现了更便宜、更丰富的矿物质和煤。这种组合最终产生了煤动力外燃蒸汽发动机，使得人们能够用比以往更便宜的价格发掘出更多的能源。这一新的投入推动了制造业的重大转变，并推动了相关行业的根本性变革，例如纺织业，金属工业（特别是铁）和运输业。

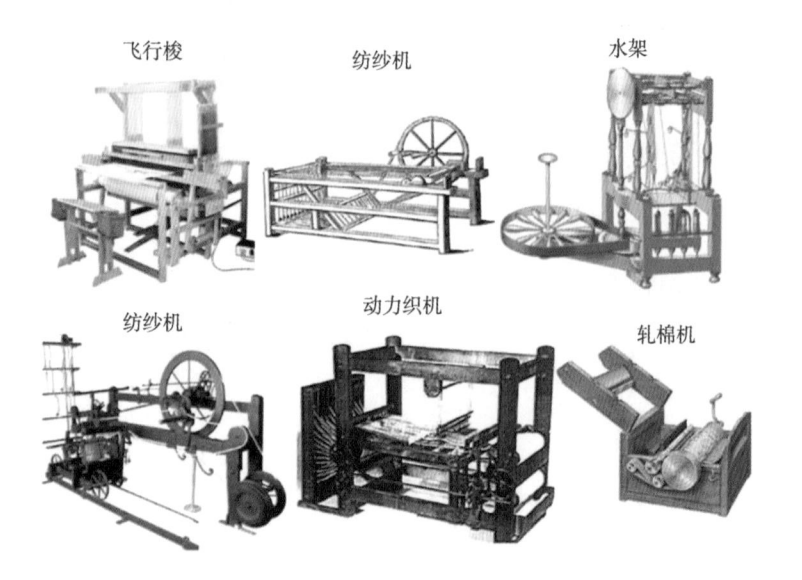

图 3—1　第一次工业革命时一些主要发明

在第一次工业革命之前，大多数商品都是个体工匠制造，本地生产。但在煤动力蒸汽机商业化之后，大型工厂开始出现，能够为更广泛的消费者群体生产产品。社会发生了根本性的转变，以大型制造工厂为中心的工业城市开始形成。劳动力不再由个体劳动者主导，而是逐渐被雇佣工人阶级的资本家所管理的行业所取代。城市开始成为全国的经济中心。

从生产技术上看，机器取代人力，大规模工厂化生产取代个体工场手工生产。从社会结构上看，传统农业社会开始转向现代工业社会，使社会明显地分裂为两大对立阶级——工业资产阶级和工业无产阶级。

从城市发展上来看，工业城镇兴起，开始了城市化进程。率先完成工业革命的西方资本主义国家逐步确立起对世界的统治，世界形成了西方先进、东方落后的局面，英国成为世界上第一个工业化国家。

第二次工业革命——电力技术革命

电气化被视为19世纪最大的进步，它可以在任何时间为所有的工厂和家庭供电，并且为所有设备的使用奠定了基础。虽然电力至关重要，但石油一直是18世纪最受追捧的商品。石油是大多数运输车辆的主要燃料来源，如汽车、飞机。

第二次工业革命时间从1870年开始持续到1914年。这一次工业革命使用了两种新能源：电力和石油。发电机的诞生使得人类历史从"蒸汽时代"跨入到"电气时代"，电灯、电车、电影放映机的相继问世为人类社会打开了全新的大门。内燃机的发明一方面推动了石油开采业的发展和石油化学工业的产生，石油成为一种极为重要的新能源；另一方面，解决了交通工具的发动机问题，推动了内燃汽车、远洋轮船和飞机的迅速发展。

由于钢铁制造更加发达，机器零件得以批量生产，螺钉和金属棒等工业产品制定了标准尺寸。多个先进的国家开通了铁路，随着运输速度的提高和机器的生产导致了产品价格的下降，市场在此期间实现了真正的开放。

从生产关系层面看，垄断与垄断组织形成，主要资本主义国家开始进入帝国主义阶段。从经济结构层面看，重工业获得长足发展，且逐步占主导地位。从城市发展层面看，城市化进程进一步加快，同时带来了环境污染等问题。从生活方式层面看，品种繁多的家用电器走进千家万户，极大地丰富了人们的生活；新型交通工具的出现扩大了人们的活动范围，加强了人与人之间的交流。第二次工业革命促使世界市场最终形成，美国、德国成为世界性的经济中心。

第三次工业革命——计算机及信息技术革命

第三次工业革命，又被称为计算机及信息技术革命，从20世纪50年代末开始一直持续到今天。其两个主要产物是数字计算和通信技术。计算机的快速计算与互联网和卫星广播技术相结合，创造了一种数字架构。在这种架构中，信息可以快速地在世界各地共享。

丰富的数字信息同不断改进的微处理器即计算机芯片相结合。从智能手机和高清电视屏幕到高端摄影设备和无人机，计算机芯片成为所有先进电子产品的支柱。有趣的是，所有这些技术都在很短的时间内被更好的版本所取代。手机就是一个很好的例子，从付费电话、固定电话、传统手机到智能手机。

从产业结构上看，第一产业、第二产业在国民经济中的比重下降，第三产业的比重上升。从城市结构上看，公共交通工具(例如公交)的出现使得城市空间向密路网、复合用地、开放街区、精明增长转变。

从生活方式上看，汽车、飞机、铁路的高速发展和普及极大地增加了人们的出行距离，加之互联网、计算机的出现，使得世界成为"地球村"。以美国为首的欧美发达国家成为世界经济的中心，科学技术成为世界各国争相抢占的制高点。

每一次工业革命都在颠覆性地改变人类文明进程的发展，产业、城市、生活乃至国际关系得以重塑，谁能抢占先机、顺势而为，谁才能有机会成为"革命"的弄潮儿，引领一个时代。

表3—1 前三次工业革命的标志与意义

工业革命	标志	意义
第一次	蒸汽机	机器取代人力，大规模工厂化生产取代个体工厂手工生产 工业城镇兴起，开始了城市化进程 率先完成工业革命的西方资本主义国家逐步确立起对世界的统治
第二次	发电机 内燃机	垄断与垄断组织形成，主要资本主义国家进入帝国主义阶段工业有长足发展，且逐步占主导地位 城市化进程进一步加快 品类繁多的家用电器走进千家万户，极大地丰富了人们的生活内容。新型交通工具的出现扩大了人们的活动范围，加强了人与人之间的交流
第三次	原子能 电子计算机 空间技术 生物工程	第一产业、第二产业在国民经济中的比重下降，使得第三产业的比重上升 公共交通工具(例如公交)的出现使得城市空间向密路网、复合用地、开放街区、精明增长转变 汽车、飞机、铁路的高速发展和普及极大地增加了人们的出行

　　当前，第三次工业革命信息化已经进入尾声，并处在两次工业革命的交互替换期，第四次工业革命应该至少持续半个世纪。因此，这也给了我们一个信心，美国引领的第三次工业革命信息化即将结束，中国希望引领的第四次工业革命智能化正在到来。

第四次工业革命：人工智能开启未来之门

历史的车轮继续向前，出现了与蒸汽机、电力、计算机的发明同等量级的新事物——人工智能，正在以迅雷不及掩耳之势席卷全球。大数据是人工智能的基础，通过大数据的收集分析为人工智能提供素材，机器基于素材的积累实现深度学习——以人的思维方式思考、解决问题。人工智能出现的意义绝不仅仅是机器人的批量生产与应用，而是作为核心驱动力驱动产业结构、城市形态、生活方式和科技格局的颠覆式变革。

对产业结构的改变：跨界整合，助力升级

一方面，随着人工智能积极布局新兴领域，包括智能软硬件（例如语音识别、机器翻译、智能交互）、智能机器人（例如智能工业机器人、智能服务机器人）、智能运载工具（例如自动驾驶汽车、无人机、无人船）、虚拟现实与增强现实、智能终端（例如智能手表、智能耳机、智能眼镜）、物联网基础器件（例如传感器件、芯片）等，形成了以人工智能为主题的高端产业的聚集。

另一方面，人工智能推动了制造业、农业、物流、金融、商务、家居产业在内的传统产业的转型升级，形成了智能制造、智能农业、智能物流、智能金融、智能商务、智能家居产业。通过智能工厂的推广，大幅提高生产效率，推动人工智能在各行各业的规模化应用，全面提升产业发展的智能化水平。

对城市形态的改变：立体空间，高效管理

人工智能不是未来城市的全部，但从根本上影响城市的空间形态与管理模式，是未来城市发展的核心驱动力。过去畜力车、步行为主的交通方式使得城市的道路窄、尺度小，汽车的出现则促使了以车行道为主的人车分流的城市设计，公共交通工具的出现使得城市公共空间大幅增加，未来以无人驾驶、无人机为代表的智能交通方式的普及则会推动城市立体空间（特别是地下空间）的充分利用，由此带来更加立体多面的城市尺度。

同时，人工智能会推动城市管理方式升级，包括智慧政务、环境监控、数字社区、应急指挥等，智慧基础设施遍布城市各个角落，通过大数据的采集、处理与分析，极大地提高城市管理的效率与准确率。

对生活方式的改变：解放双手，高度自由

晨起洗漱的你在智能镜子上可以看到今天的天气预报、新闻提要和约会提醒；吃完早餐后，自己的全自动座驾已经停在门口，将目的地设置成办公地点后，便可以安心地坐在座位上准备一天的工作了；正在上班的你不放心家里的宠物，打开手机可以看到它正和机器人管家欢快地玩耍；下班回家的路上，把家里的空调提前打开给自己营造一个凉爽的环境……这只是一个很小的生活片段，人工

智能所带来的不只是脑洞大开的生活，更能让人类有精力去从事增加生产力和高附加值的创造性工作。

人工智能渗透生活的方方面面，把人们从繁重的脑力劳动中解放出来，实现物质和精神层面的极大丰富，有更多的时间去享受生活、体验生命。万物互联带来高度自由，人们通过搭乘智能交通工具可以迅速到达任何一个目的地，也可以凭借更加多元的社交媒体方式超越地理空间的限制与人交流。

对科技格局的改变：举国之力，抢占高地

第一次工业革命，中国被动地开启近代化历程；第二次工业革命，中国正在经历空前的民族危机而丧失了追赶世界科技潮流的重要机遇；第三次工业革命，中国以追随者的角色在科学技术领域取得了巨大的成就。面对第四次工业革命，这一次，中国要做引领者。2017 年 7 月 8 日，国务院印发了《新一代人工智能发展规划》，不是以科技部、工信委或几部委联合下发的方式，而是国务院直接主导，这是一个鲜明的信号：中国正在举全国之力，抢占人工智能制高点。

而中国自身也的确具备领跑人工智能的条件和潜力。目前全球人工智能企业最为集中的五个国家分别为美国、中国、英国、加拿大、印度，五国的人工智能企业数量占全球总数的近八成，其中 BAT 及部分初创企业在人工智能领域的布局已跻身全球第一梯队。据中国专利保护协会统计，中国在人工智能领域的专利申请数量已经超越

美国，达到 76876 件，列于首位。^① 而在 AI 高水平论文产出及引用方面，中国也略高于美国，并远超英、澳、德等国，排名世界第一。2016 年以来，中国在人工智能领域获得巨额投资次数累计达 114 起，居全球首位。其中，2018 年中国人工智能领域融资额高达 1311 亿元，增长率为 107%。所有这些数据的背后是中国强大的人工智能实力的彰显，也决定了中国将凭借人工智能登上世界科技舞台。

①《人工智能技术专利深度分析报告》，http://www.199it.com/archives/796330.html.

中国不能再失去第四次工业革命的机遇

从"蒸汽时代"到"电气时代"再到"信息时代",从第一次工业革命到第三次工业革命,科技革命对制造业的历次重塑改变的不只是人们的生产生活方式,还有国家命运和世界格局。[①]

中国错过了前三次工业革命,与历史上的这些机遇擦肩而过。但是中国再也不能失去第四次工业革命的机遇,既要参与其中,更要利用科技创新,引领第四次工业革命,建设创新型国家。[②]

很多学者认为,中国是第四次工业革命的首发国家,在 2018 年的达沃斯世界经济论坛上,论坛主席兼联合国发展规划委员会副主席施瓦布甚至认为:第四次工业革命在中国已经发生。[③]

虽然中国已经抓住了第四次工业革命的机遇,但与发达国家相比,中国离创新型国家还差得很远。有数据说明:2018 年中国 GDP 为 13.41 万亿美元,远低于美国的 20.51 万亿美元,后者是中国的 1.5 倍。同时,在人均 GDP 上中国也远远落后于创新型国家,中国人均

[①]《第四次工业革命的中国机遇》,http://finance.people.com.cn/n1/2017/0530/c1004-29307311.html.

[②]《主席总理齐为"科技"代言有何深意?》,http://www.sohu.com/a/79511499_114984.

[③]《第四次工业革命,为何率先在中国发生》,http://www.yahui.cc/forex/tzck/1402320-1.htm.

GDP 约 9900 美元，美国、日本、德国、英国等发达国家都在 4 万美元以上。

在创新型国家的衡量要素中，中国与发达国家有不小的距离。世界上公认的创新型国家的共同特征是：科技进步贡献率在 70% 以上，研发投入占 GDP 的比例在 2% 以上，对国外技术依存度指标在 30% 以下。但是，中国现在的这三个数值分别是 40%、1.4% 和 50%，远远达不到创新型国家的标准。

现实的这种比较既可以让我们看到中国与其他国家的差距，也可以激励中国人发现问题、寻找出路。与此同时，人工智能浪潮已经来临，这是一个中国弯道超车的历史性机遇。中国拥有诸多先天优势，必将在人工智能领域大放异彩。

首先，中国拥有全世界最大的国内市场。一半以上的人口，即 7.52 亿人使用互联网，其中 84% 的网民定期使用移动支付，没有哪个国家能够提供比中国更多的用户数据，而承载的数据越多，机器就越聪明。[①]

其次，巨额资金投入。2017 年全球一半投资于人工智能初创企业的资金流向中国。现任创新工场首席执行官李开复和美国欧亚集团分析师保罗特廖洛不久前发布的一份报告中指出，2012 年至 2017 年，投资人对 200 家从事人工智能研发的中国初创企业的注资规模达 45 亿美元。

再次，中国正积极引进全世界的人才和学者，现在越来越多的

---

① 《人工智能（AI）标志第四次工业革命，中国发展迅猛，堪与美国竞争》，http://mini.eastday.com/mobile/180226200712907.html.

高级人才前往中国寻找机会。中国本土 AI 人才稀缺，机器学习、智能芯片和算法领域的人才需求量最大，即使舍得投入，培育技术人才库也需要漫长的过程，因此，目前中国 AI 人才大多依靠海外引进，人工智能领域最发达的美国成为最大来源国，占比约 44%。

又次，国内在人工智能研究与应用领域，除了百度、阿里巴巴和腾讯等互联网巨头之外，商汤、旷视、依图、地平线、优必选、寒武纪等 AI 初创企业也已纷纷成长为独角兽，在各自细分领域的技术研发方面排名前列，并能将相关研发成果引进到各种活动、产品和服务中，提升下游的市场占有率。

最后，不可否认中国大型技术公司的活力和不断增长的创业公司是中国人工智能革命的关键推动力，然而，技术竞争时代，优先制定支持创新的政策是实现技术飞跃的强有力推手。2017 年 3 月，全国人民代表大会上，中国最有影响力的一些商界和技术界领袖呼吁政府出台人工智能产业政策。2017 年 7 月，国务院印发的《新一代人工智能发展规划》承诺以政策和财政支持企业实现以下目标：到 2020 年中国人工智能总体技术和应用与世界先进水平同步；到 2025 年人工智能基础理论实现重大突破；到 2030 年人工智能理论、技术与应用总体达到世界领先水平，成为世界主要人工智能创新中心。2017 年 10 月发布的十九大报告中，也再次强调要"推动互联网、大数据、人工智能和实体经济深度融合，在中高端消费、创新引领、绿色低碳、共享经济、现代供应链、人力资本服务等领域培育新增长点、形成新动能"。

表 3—2　国家层面人工智能政策汇总

时间	政策名称	主要内容
2015 年 5 月	《中国制造 2025》	加快推动新一代信息技术与制造技术融合发展，把智能制造作为两化深度融合的主攻方向；着力发展智能装备和智能产品，推进生产过程智能化
2015 年 7 月	《国务院关于积极推进"互联网 +"行动的指导意见》	将人工智能列为其 11 项重点行动之一。具体行动为：培育发展人工智能新兴产业；推进重点领域智能产品创新；提升终端产品智能化水平。主要目标是加快人工智能核心技术突破，促进人工智能在智能家居、智能终端、智能汽车、机器人等领域的推广应用
2016 年 3 月	《中华人民共和国国民经济和社会发展第十三个五年规划纲要》	加快信息网络新技术开发应用，重点突破大数据和云计算关键技术、自主可控操作系统、高端工业和大型管理软件、新兴领域人工智能技术，人工智能写入"十三五"规划纲要
2016 年 4 月	《机器人产业发展规划（2016—2020 年）》	到 2020 年，自主品牌工业机器人年产量达到 10 万台，六轴及以上工业机器人年产量达到 5 万台以上。服务机器人年销售收入超过 300 亿元；工业机器人主要技术指标达到国外同类产品水平；机器人用精密减速器、伺服电机及驱动器等关键零部件取得重大突破
2016 年 5 月	《"互联网 +"人工智能三年行动实施方案》	到 2018 年，打造人工智能基础资源与创新平台，人工智能产业体系基本建立，基础核心技术有所突破，总体技术与产业发展与国际同步，应用及系统级技术局部领先
2016 年 7 月	《"十三五"国家科技创新规划》	发展新一代信息技术，其中人工智能方面，重点发展大数据驱动的类人智能技术方法，在基于大数据分析的类人智能方向取得重要突破
2016 年 9 月	《智能硬件产业创新发展专项行动（2016—2018年）》	重点发展智能穿戴设备、智能车载设备、智能医疗健康设备、智能服务机器人、工业级智能硬件设备等

时间	政策名称	主要内容
2016 年 11 月	《"十三五"国家战略性新兴产业发展规划》	发展人工智能,培育人工智能产业生态,推动人工智能技术向各行业全面融合渗透。具体包括:加快人工智能支撑体系建设;推动人工智能技术在各领域应用,鼓励各行业加强与人工智能融合,逐步实现智能化升级
2017 年 3 月	《2017 年政府工作报告》	"人工智能"首次被写入全国政府工作报告:一方面要加快培育新材料、人工智能、集成电路、生物制药、第五代移动通信等新兴产业;另一方面要应用大数据、云计算、物联网等技术加快改造提升传统产业,把发展智能制造作为主攻方向
2017 年 7 月	《国务院关于印发新一代人工智能发展规划的通知》	确定新一代人工智能发展三步走战略目标,人工智能上升为国家战略层面
2017 年 10 月	十九大报告	人工智能写入十九大报告,将推动互联网、大数据、人工智能和实体经济深度融合
2017 年 12 月	《促进新一代人工智能产业发展三年行动计划(2018—2020 年)》	从推动产业发展角度出发,结合"中国制造2025",对《新一代人工智能发展规划》相关任务进行了细化和落实,以信息技术与制造技术深度融合为主线,以新一代人工智能技术的产业化和集成应用为重点,推动人工智能和实体经济深度融合
2018 年 3 月	《2018 年政府工作报告》	加强新一代人工智能研发应用;在医疗、养老、教育、文化、体育等多领域推进"互联网+";发展智能产业,拓展智能生活
2018 年 4 月	《高等学校人工智能创新行动计划》	到 2020 年,基本完成适应新一代人工智能发展的高校科技创新体系和学科体系的优化布局,高校在新一代人工智能基础理论和关键技术研究等方面取得新突破,人才培养和科学研究的优势进一步提升,并推动人工智能技术广泛应用

续 表

时间	政策名称	主要内容
2018 年 11 月	《新一代人工智能产业创新重点任务揭榜工作方案》	通过在人工智能主要细分领域，选拔领头羊、先锋队，树立标杆企业，培育创新发展的主力军，加快我国人工智能产业与实体经济深度融合
2019 年 3 月	《2019 年政府工作报告》	将人工智能升级为"智能＋"，要推动传统产业改造提升，特别要打造工业互联网平台，拓展"智能＋"，为制造业转型升级赋能。要促进新兴产业加快发展，深化大数据、人工智能等研发应用，培育新一代信息技术、高端装备、生物医药、新能源汽车、新材料等新兴产业集群，壮大数字经济
2019 年 3 月	《关于促进人工智能和实体经济深度融合的指导意见》	把握新一代人工智能的发展特点，结合不同行业、不同区域特点，探索创新成果应用转化的路径和方法，构建数据驱动、人机协同、跨界融合、共创分享的智能经济形态
2019 年 6 月	《新一代人工智能治理原则》	突出了发展负责任的人工智能这一主题，强调了和谐友好、公平公正、包容共享、尊重隐私、安全可控、共担责任、开放协作、敏捷治理八条原则
2019 年 8 月	《国家新一代人工智能创新发展试验区建设工作指引》	提出开展人工智能技术应用示范、人工智能政策试验、人工智能社会实验，积极推进人工智能基础设施建设，到 2023 年，布局建设 20 个左右的试验区

在国家层面政策的不断推动下，我国各省市也相继出台了适合本地发展环境的人工智能"十三五"相关规划，提出了到 2020 年人工智能核心产业规模和相关产业规模的发展目标，加快当地人工智能产业发展，推动人工智能与实体经济的深度融合，为我国人工智能行业的深化发展提供了良好的政策环境。

表 3—3　全国部分省市人工智能产业相关政策

地区	政策	解读
上海	《关于建设人工智能上海高地　构建一流创新生态的行动方案（2019—2021 年）》	着力建设复合融合的创新载体，打造开放前沿共性的创新平台，大力汇聚国际一流的创新团队，深入打造世界级的场景应用，加快创造活力进发的制度环境
深圳	《深圳市新一代人工智能发展行动计划（2019—2023 年）》	强化前沿基础研究，推进核心关键技术攻关；推动智能产品创新，培育梯次发展产业集群；拓展智能应用场景，深化实体经济融合发展；完善创新基础设施，构建公共服务支撑平台；聚集培育高端人才，打造人工智能人才高地；充分研究风险挑战，前瞻构建伦理法规标准；优化产业空间布局，营造人工智能创新生态
北京	《北京促进人工智能与教育融合发展行动计划》	支持人工智能创新中心建设，推动人工智能纳入实践活动，支持高校人工智能学科建设，计划到 2020 年，北京市初步建成适应新一代人工智能发展的人才培养体系和科技创新体系
浙江	《浙江省促进新一代人工智能发展行动计划（2019—2022 年）》	提出培育 10 家以上有国际影响力和竞争力的领军企业，加快推进实施一批重点项目，打造具有全球影响力的人工智能科技创新中心，形成以杭州、宁波为核心，嘉兴、绍兴、湖州等其他地区特色化发展的"2+X"产业格局，构筑全国人工智能发展示范区
江苏	《关于进一步加快智能制造发展的意见》	目标到 2020 年，全省建成 1000 家智能车间，试点创建 50 家左右省级智能制造示范工厂，试点创建 10 家左右省级制造制造示范区，对省级智能制造示范区内的重点企业、重点项目优先给予智能制造专项政策支持
重庆	《重庆市智能制造实施方案（2019—2022 年）》	重点推进数字化装备普及、信息管理系统集成应用、工业互联网发展、智能制造服务支撑体系完善等，2022 年，累计推动 5000 家企业实施智能化改造，建设一批智能工厂、数字化车间、智能制造标杆企业

续 表

地区	政策	解读
山东	《关于大力推进"现代优势产业集群＋人工智能"的指导意见》	提升融合创新能力，培育智慧经济，赋能产业互联网，实现智能制造提质增效，升级人工智能基础设施，构建服务保障体系，还加大了对"十强"出汗也与人工智能融合发展关键环节和重点领域的投入
黑龙江	《黑龙江省人民政府关于印发黑龙江省工业强省建设规划（2019—2025 年）》	提出持续推进人工智能等新一代信息技术在智能制造领域的应用，推进人工智能、大数据在农业、交通、安防、旅游、医疗等领域的应用，加快科研院所人工智能、传感器等领域科技成果产业化
湖南	《湖南省人工智能产业发展三年行动计划（2019—2021 年）》	打造产业聚集区，培育"专精特优"企业，引进领军企业，加大基础支撑平台建设，构建智能基础设施体系，强化网络信息安全保障建设，鼓励天使投资、创业投资和新兴产业投资基金等加大对人工智能产业的投资，鼓励金融机构创新金融产品和服务，支持人工智能产业发展，计划到 2021 年，全省人工智能核心产业规模达到 100 亿元，带动相关产业规模达到 1000 亿元

正如《新一代人工智能发展规划》所述，"人工智能成为国际竞争的新焦点，是引领未来的战略性技术"，"世界主要发达国家把发展人工智能作为提升国家竞争力、维护国家安全的重大战略"，事实上，利用人工智能可以创造用于情报监测、早期预警以及潜在威胁控制系统等，加强保障国家安全与国防能力的同时，也将维护党的领导地位。

与中国政府从国家层面积极推动人工智能技术发展不同，在技术发展更多由私营部门驱动的美国，特朗普政府出于刺激经济及提振就业等考虑更侧重制造业。但作为大国之间较量的核心领域之一，美国拟对中国出口管制的 14 大类技术名单中就有人工智能，此举也表明了世界对人工智能成为战略性产业已有共识。

2017 年 12 月中旬，美国发布《国家安全战略报告》宣布，"为保持竞争优势，美国将优先发展对经济发展和安全至关重要的新兴技术"。该报告尤其强调人工智能发展极其迅速，会给美国安全带来越来越大的挑战，同时视中国为"战略竞争者"。2019 年 2 月，美国白宫科技政策办公室发布了由总统特朗普亲自签署的《美国人工智能倡议》，这在中国 2017 年已经发布人工智能国家战略的背景下出台，开篇即强调了美国在人工智能领域的持续领导对于维护美国的经济和国家安全以及未来全球演变至关重要。2019 年 6 月，最新版的《国家人工智能研究和发展战略计划》的出台也旨在引导数十亿资金流向美国联邦机构，如美国国家科学基金会、美国国立卫生研究院和美国军方等。与 3 年前的版本相比，此版更要求关注学术界和产业界之间的公私伙伴关系，并与"国际盟友"合作。可见在人工智能领域的博弈上，没有哪个国家甘愿落后。很显然，美国此举旨是为了确保其在人工智能领域的优势地位。①

而相较中美两国强调掌握人工智能核心技术，在世界人工智能领域占据领导地位；欧盟和日本则更加注重审视自身优劣势，应对人工智能产业发展带来的经济和社会问题（参见表 3—4 政策汇总）。

---

① 《美国发布新版〈国家人工智能研究和发展战略计划〉》，https://baijiahao.baidu.com/s?id=16369998169591115936&wfr=spider&for=pc.

表 3—4　美欧日人工智能指导文件汇总 ①

经济体	相关政策文件	整个方向总结	2019 年政策风向
美国	2016 年 10 月，白宫发布《为未来人工智能做好准备》与《国家人工智能研究与战略发展规划》； 2017 年 12 月，美国国会提出"人工智能未来法案"； 2018 年 9 月，DARPA 宣布 20 亿美元＋投资计划，以克服人工智能技术的限制。美国国防部决定在未来五年投资 20 亿美元到其机器常识项目中； 2019 年 2 月启动"美国人工智能倡议"； 2019 年 6 月出台《国家人工智能研究和发展战略计划》	促进人工智能发展，同时预防和降低可能的负面影响，建立有利的投资和创新环境；优化发展，关注人工智能发展给劳动力市场带来的改变； 保持美国在人工智能领域的领导地位、支持美国工人、促进公共研发、消除创新障碍	从国家战略层面调动更多联邦资金和资源用于人工智能研发，"确保美国在人工智能领域的领导力"，加强国家和经济安全
欧盟	2018 年 3 月，欧洲政治战略中心发布了《人工智能时代：确立以人为本的欧洲战略》报告； 2018 年 4 月，欧盟成员国签署了人工智能合作宣言，并发布政策文件《欧盟人工智能》； 2018 年 12 月，欧盟发布《人工智能协调计划》，提出增加投资、提供更多数据、培养人才和确保信任	创建发展环境，加强人才建设以适应人工智能给就业体系带来的变化，促进研究投资，建立道德和法律框架，推进以人为本的发展路径，积极应对社会经济变革	加强 AI 技术研究与创新，有针对性地在欧洲推广 AI 应用

①《人工智能商业化研究报告（2019）》，https://36kr.com/p/5220859.

经济体	相关政策文件	整个方向总结	2019 年政策风向
日本	2016 年 6 月，日本政府通过新版《日本再兴战略》，将人工智能技术视为第四次产业革命的核心尖端技术，计划到 2020 年创造出 30 万亿日元的经济附加值； 2017 年 3 月，技术委员会发布《人工智能技术战略》； 2017 年，日本政府出台《下一代人工智能推进战略》； 2018 年 5 月，日本经济产业省公布《新产业构造蓝图》，提出利用人工智能及物联网等技术，普及自动驾驶汽车及建立新医疗系统	从国家层面建立完善的促进机制，推动开发人工智能公共事业，联通各个领域，建立人工智能生态体系。保持并扩大其技术优势，逐步解决人口老龄化、劳动力短缺、医疗及养老等社会问题	普及、落实自动驾驶和 AI 医疗系统

第三次工业革命开辟了信息数据化的时代，中国借助其庞大的用户基数和增长迅猛的下游应用市场，积累了巨量数据，使得中国也成为了数据大国、数字化大国。我们知道，数字经济是推动传统经济从数量驱动提升到质量驱动的重要力量。且尤为重要的是，未来第四次工业革命智能化主要推动技术是人工智能，人工智能三大要素：数据、算法、算力。数据是人工智能的粮食、算法是工具，算力是基础，巨量的数据将使得中国成为人工智能世界强国具备可能。而在数据管理的政策方面，中国的优势显而易见，中国对于数据的开放及可提供的数据应用场景都是其他国家所不能比拟的。

从工业革命的发展规律来看，目前是第三次工业革命正在向第四次工业革命过渡阶段，政策、人才、数据、资金等优势也为中国引领第四次工业革命，重回世界中心提供了一个百年未有之战略机遇。我们应该为生在这样一个伟大的时代而感到骄傲，作为人工智能第一梯队的中国理应在这次划时代变革中扮演更加重要的引领者角色，相信中国一定能够扛起引领第四次工业革命的大旗，我们将为之感到无比自豪。

人工智能浪潮已经来临，这是我国千年一遇的机会！

结　语

　　人类文明的每一次进步，都伴随着科技的重大突破。回顾前三次工业革命，中国都没有掌握核心技术，都是跟随者甚至旁观者，历史清楚地告诉我们，谁引领工业革命，谁就是世界引领者！

　　现在，世界面临百年未有之大变局，第四次工业革命智能化到来，中国面临前所未有之大机遇和大挑战，中华民族伟大复兴、重回世界中心，遇到了难得的战略机遇期。第四次工业革命智能化，就是在互联网、大数据的基础上，以人工智能、量子科技、生物科学等新一代技术为主要推动力的新一轮科技革命和产业变革。

　　谁将是这一场工业革命的引领者？中国有没有可能引领第四次工业革命？中国如何成为第四次工业革命的引领者？

　　关键因素很多，我们认为至少在两个方面是非常重要的。一个就是基础科学要全面领先，就像习近平总书记所说，核心技术要牢牢掌握在自己人手中，不能被别人卡脖子；另外一个就是工业现代化进程既要补课更要加快，既要补以前因为"引进消化吸收"道路而缺失的自主研发的课，更要在人工智能、大数据、量子科学等新技术研发和应用方面发力，推动中国新旧动能转换，推动智能制造、高端制造水平迅速提升，领先世界主要工业强国。中国只有从制造大国发展成为制造强国，才有可能成为真正的世界强国引领第四次工业革命，因为从来没有一个领导世界的世界强国不是工业强国。

　　而面对人工智能开启的未来之窗，各位是否也做好准备了呢？

第四章 >>
人工智能带动数字经济蓬勃发展

习近平总书记在致信祝贺 2018 世界人工智能大会开幕时强调"中国正致力于实现高质量发展，人工智能发展应用将有力提高经济社会发展智能化水平，有效增强公共服务和城市管理能力。中国愿意在技术交流、数据共享、应用市场等方面同各国开展交流合作，共享数字经济发展机遇。"

近几年来数字经济蓬勃发展，以大数据、云计算、物联网、人工智能为代表的新一代信息技术对数字经济的发展起到了至关重要的推动作用，其中，人工智能作为当前数字技术发展的前沿尖端科技，在未来为数字经济的发展带来新的技术红利，成为全球经济增长的新引擎将会是不可否定的事实。

经济数字化转型的过程是从社会认知到应用需求到技术供给逐步演进的过程，因此推动人工智能的社会认知与大众化普及对数字经济的发展具有重要意义。我国能否顺利进入新的以大数据及人工智能驱动的经济数字化转型阶段，社会大众对人工智能的认知和应用需求至关重要。

第一节 / 人工智能为经济发展注入新动能

人工智能依托互联网、大数据技术，正在向深度迅猛发展，成为国际竞争的新焦点、经济发展的新引擎、社会建设的新机遇。[①]

人工智能激发实体经济新动能

党的十九大报告提出，推动互联网、大数据、人工智能和实体经济深度融合。2017 年 7 月，国务院在印发的《新一代人工智能发展规划》中，对我国人工智能发展明确提出了三步走的战略目标，其中第一步，是到 2020 年总体技术和应用与世界先进水平同步，人工智能产业成为新的重要经济增长点，人工智能技术应用成为改善民生的新途径。这一目标不仅与 2020 年全面建成小康社会相呼应，而且也是深化供给侧结构性改革、推动中国跻身创新型国家前列的重要驱动力之一。推动虚实经济融合，人工智能等信息技术的地位进一步凸显。

人工智能驱动经济转型升级

迈克尔·波特将国家经济发展分为四个阶段，分别是生产要素导向阶段、投资导向阶段、创新导向阶段和富裕导向阶段。我国经

---

① 《重新定义未来 / 人工智能为经济发展注入新动能》，http://mini.eastday.com/mobile/180408000152201.html.

历了 40 多年的改革开放，经历了依靠富足生产要素和大规模投资所推动的高速发展阶段。目前，企业面临劳动力成本增加、扩大投资动力不足等困境，某种程度上，这意味着创新导向阶段已经来临，需要技术创新来驱动企业的进一步发展和整体经济结构的转型升级。人工智能作为新一轮产业变革的核心驱动力，将进一步释放历次科技革命和产业变革积蓄的巨大能量，形成从宏观到微观各领域的智能化新需求，催生新技术、新产品、新产业、新业态、新模式，引发经济结构重大变革，实现社会生产力的整体跃升。

人工智能推进普惠共享经济构建

人工智能的核心不仅在于智能制造，还在于以智能制造为基础的智能交通、智能公共服务等构成的智能化城市建设。在智能交通方面，解决交通拥堵的智能交通系统正在建立，北京和广州等地均开始了试点推行。在智能公共服务方面，智能客户服务系统、数字智能图书馆和智能环境监测系统都将改善人们的生活。人工智能也使金融行业的经营和服务模式发生变化，进一步提升金融服务实体经济的效率，并推进普惠金融的实施。①

---

① 《人工智能与制造业深度融合将成重头戏》，https://baijiahao.baidu.com/s?id=1609644802621363962&wfr=spider&for=pc.

第二节

第二节　我国数字经济量质齐升

站在城市的街头，从穿梭于街巷的快递小哥、送餐员背后的电商标识、无处不在的二维码，就能明显感受到数字浪潮带来的冲击。①

什么是数字经济

数字经济是以数字化的知识和信息为关键生产要素，以数字技术创新为核心驱动力，以现代信息网络为重要载体，通过数字技术与实体经济深度融合，不断提高传统产业数字化、智能化水平，加速重构经济发展与政府治理模式的新型经济形态。②

数字经济是生产力和生产关系的辩证统一，包括三大部分：一是数字产业化，即信息通信产业，具体包括电子信息制造业、电信业、软件和信息技术服务业、互联网行业等；二是产业数字化，即传统产业由于应用数字技术所带来的生产数量和生产效率提升，其新增产出构成数字经济的重要组成部分；三是数字化治理，包括治理模式创新，利用数字技术完善治理体系，提升综合治理能力等。数字技术红利大规模释放的运行特征与新时代经济发展理念的重大战略

①《中国进入人工智能驱动的经济数字化转型阶段》，https://baijiahao.baidu.com/s?id=1590015292521785465&wfr=spider&for=pc.

②《中国数字经济发展与就业白皮书》，http://www.siia-sh.com/news/3843.html.

转变形成历史交汇。发展数字经济，推动经济发展质量变革、效率变革、动力变革，正当其时。

数字经济已经成为继农业经济、工业经济之后一种新的经济社会发展形态，它将推动各领域向数字化转型，实现价值增值和效率提升。由于数字经济更容易实现规模经济和范围经济，因此，也日益成为全球经济发展的新动能。[1]

数字经济的关键要素

与农业经济、工业经济一样，数字经济活动也需要土地、劳动力、资本、技术等生产要素和相应的基础设施与之配套。[2]与以往不同的是，其中很多要素都需要数字化，且会产生数据这一新的生产要素，其主要体现在以下几个方面：

首先，数据成为驱动经济增长的关键生产要素。大数据和云计算等的融合推动了物联网的迅速发展，实现了人与人、人与物、物与物的互联互通，导致数据量呈爆发式增长。全球数据增速符合大数据摩尔定律，大约每两年翻一番。庞大的数据量及其处理和应用需求催生了大数据概念，数据日益成为重要的战略资产。数据资源将是企业的核心实力，谁掌握了数据，谁就具备了优势。对国家也是如此。美国政府认为，大数据是"未来的新石油"、数字经济中的"货币"，是"陆权、海权、空权之外的另一种国家核心资产"。如同农业时代的土地和劳动力、工业时代的技术和资本一样，数据

---

① 《数字经济是一种新的经济形态》，http://www.sohu.com/a/192197288_455313.

② 《数字经济白皮书》，http://www.199it.com/archives/ 570493.html?from=timeline.

已成为数字经济时代的生产要素，而且是最为关键的生产要素。数据驱动型创新正在向科技研发、经济社会等各个领域扩展，成为国家创新发展的关键形式和重要方向。

其次，数字基础设施成为新的基础设施。在工业经济时代，经济活动架构在以"铁公机"（铁路、公路和机场）为代表的物理基础设施之上。数字技术出现后，网络部署和计算设备成为必要的信息基础设施。随着数字经济的发展，数字基础设施的概念变得更广泛，既包括宽带、无线网络等信息基础设施，也包括对传统物理基础设施的数字化改造，例如，安装了传感器的自来水总管、数字化停车系统、数字化交通系统等。这两类基础设施共同为数字经济发展提供了必要的基础条件，推动工业时代以"砖和水泥"为代表的基础设施转向以"光和芯片"为代表的数字时代基础设施。

最后，数字素养成为劳动者和消费者的新需求。农业经济和工业经济，对多数消费者的文化素养基本没有要求；对劳动者的文化素养虽然有一定要求，但往往局限于某些职业和岗位。然而在数字经济条件下，数字素养成为劳动者和消费者都应具备的重要能力。

随着数字技术向各领域渗透，劳动者越来越需要具有双重技能，即数字技能和专业技能。但各国普遍存在数字技术人才不足的现象，40%的公司表示难以找到他们需要的数据人才，较高的数字素养成为劳动者在就业市场胜出的重要因素。对消费者而言，若不具备基本的数字素养，将无法正确地运用数字化产品和服务，而成为数字时代的"文盲"。

因此，数字素养是数字时代的基本人权，是与听、说、读、写同等重要的基本能力。提高数字素养既有利于数字消费，也有利于数字生产，是数字经济发展的关键要素和重要基础。

数字经济规模持续扩大

测算数据显示，2018 年我国数字经济总量达到 31.3 万亿元，占 GDP 比重超过三分之一，达到 34.8%，占比同比提升 1.9 个百分点。数字经济蓬勃发展，推动传统产业改造提升，为经济发展增添新动能，2018 年数字经济发展对 GDP 增长的贡献率达 67.9%，贡献率同比提升 12.9 个百分点，超越部分发达国家水平，成为带动我国国民经济发展的核心关键力量。

同时，数字经济的持续稳定快速发展，成为稳定经济增长的重要途径。2003—2018 年，我国数字经济增速显著高于同期 GDP 增速，并且自 2011 年以来，数字经济与 GDP 增速差距有扩大趋势，按照可比口径，2018 年我国数字经济名义增长 20.9%，高于同期 GDP 名义增速约 11.2 个百分点。未来，伴随着数字技术创新，并加速向传统产业融合渗透，数字经济对经济增长的拉动作用将愈发凸显。

数字经济结构持续优化

从数字经济内部结构看，信息通信产业实力不断增强，为各行各业提供充足数字技术、产品和服务支持，奠定数字经济发展坚实基础；产业数字化蓬勃发展，数字经济与各领域融合渗透加深，推动经济社会效率、质量提升。测算数据显示，2018 年我国数字产业化规模达到 6.4 万亿元，在 GDP 中占比达到 7.1%，在数字经济中占比为 20.5%。

产业数字化在数字经济中继续占据主导位置，2018 年产业数字化部分规模为 24.9 万亿元，同比名义增长 23.1%，产业数字化部分占数字经济比重由 2005 年的 49% 提升至 2018 年的 79.5%，占 GDP 比重由 2005 年的 7% 提升至 2018 年的 27.6%，产业数字化部分对数字经济增长的贡献度高达 86.4%。在数字经济中，产业数字化部分占比高于数字产业化部分占比，表明我国数字技术、产品、服务正在加速向各行各业融合渗透，对其他产业产出增长和效率提升的拉动作用不断增强。产业数字化成为数字经济增长主引擎，数字经济内部结构优化。

第三节 | 数字经济迈入以人工智能为主的发展新阶段

中国经济的数字化转型的三个阶段

第一个阶段是以计算机和信息通信技术驱动的信息化发展阶段。从 20 世纪八九十年代开始，计算机与大规模集成电路的技术引进中国，电子和信息产业被确定为国家战略，集成电路、计算机、通信和软件成为重要的发展领域，推动了电子信息技术的广泛应用。[①]

第二个阶段是以互联网驱动的数字化转型阶段。2000 年以后互联网在商业、政务和个人生活领域实现了普及和应用，2008 年以后随着移动互联网的兴起和发展，移动互联网再次推动众多领域进行新一轮的数字化转型和升级。

第三个阶段是以大数据、人工智能驱动的数字化转型阶段。习近平总书记在 2017 年 12 月 8 日主持中共中央政治局就实施国家大数据战略进行集体学习时指出"大数据是信息化发展的新阶段"。近几年随着互联网的大面积普及应用，数据呈现爆发式增长，大数据、云计算、物联网等新一代信息技术取得了巨大的突破和进展，大量的人工智能应用场景被开发和挖掘，为人工智能的发展和应用奠定

---

①《人工智能驱动的中国经济数字化转型 ——中国人工智能社会认知与应用需求研究报告》，https://max.book118.com/html/2018/0129/151042957.shtm.

了良好的基础，中国经济的数字化转型正进入一个新的阶段。

人工智能在数字经济新阶段带来的几大变革

首先，人与智能机器交互方式的变革，人们对手机的依赖程度会逐步降低。过去 20 年，人们对手机依赖程度逐步提升。未来 20 年，智能终端会超越手机的范围，包括智能音箱、智能穿戴设备等应用会逐渐普及，人们将会以更加自然和谐的方式与智能机器交流。[①]

智能机器的服务内容会多样化。比如说智能音箱，基于语音交互技术，不方便使用手机的老人和孩子能方便使用，消除了数字鸿沟。除了放音乐，它还能播视频、看直播、听故事、查菜谱，等等。

随着技术创新，人机交互的方式也会更加简单。未来，用户只需注视设备，就可以"用眼神来唤醒"，获得响应。基于手势交互技术，只要一个手势，就可以让设备"停止"或者"继续"运行。

未来人机交互方式也更加多元、无处不在。以搜索为例，现在的搜索结果首条满足率已经超过 56%，如果能实现 99% 的用户搜索一个结果就可以满足，而不是像现在这样，还需要用户自己从不止一个搜索结果中选择，那么搜索将不限于搜索框、不限于设备、不限于屏幕，真正随时随地更好地服务于人。

其次，人工智能会给 IT 的基础设施层面带来巨变。传统的 CPU、操作系统、数据库将不再成为舞台的中央，新型的人工智能芯片、便捷高效的云服务、应用开发平台开放的深度学习框架、通

---

① 《数字经济进入新阶段 人工智能将带来三大变革》，http://tech.gmw.cn/2019-11/28/content_33355369.htm.

用的人工智能算法，将成为新一代的基础设施。

未来，人工智能将会催生新业态。交通、医疗、城市安全、教育等各行业会快速地实现智能化，切实融入人们的生活与生产中。不久的将来，普通市民可以通过 App 一键呼叫自动驾驶汽车。

放眼全球，人工智能的加速应用，将让复杂的世界更简单，这是中国和世界技术创新者的共同使命。技术可以改变中国经济的未来，可以改变人类未来的生活。中国是全球唯一拥有联合国产业分类目录当中所有工业门类的国家，强大的工业布局和物质基础，让今天人工智能的创新者在谈论 AI 布局的时候，不会成为无本之木、无源之水。国内丰富的应用场景大大加速了技术的迭代和创新，人工智能的发展也将是一个属于全人类的机会，让人类的生活越来越美好。

第四节 / 人工智能助推数字经济跨越式提升

如今，人工智能在世界经济发展中呈现出强大活力；在中国，人工智能经过一段时间的成长已具备良好的发展基础。不同于互联网时代的技术变革，人工智能更多的是一种生产力的改革，拥有强大的赋能禀赋，能着重改变赋能行业的意识形态、发展状态，将信息技术、生物技术、能源技术等技术融合，并附着于每一个行业，通过垂直整合，发挥出传统行业的新兴状态。在医疗、金融、教育、家居、零售、人力资源领域，人工智能无一例外地推动着业内数字化变革、高效化演进、蜕变式突破，极大程度地推动数字经济的跨越式发展。

从人工智能发展的三大基石算法、算力、数据的角度来分析，其迅猛发展对数字经济的影响可包含多个层次：

第一层是算法。具有强数字可视化属性的信息技术板块正在与生物技术板块深度融合，相应机器学习能力得到突破性成果，从深度学习、DNN（Deep Neural Network，深度神经网络）、RNN（Recurrent Neural Network，循环神经网络）到 CNN（Convolutional Neural Network，卷积神经网络），新的结合域层出不穷。算法的革新意味着相应算法使数字经济产业更加智能，如自动驾驶、语音交互及医学影像等领域，就可以带动更多数字经济产业发展，从而走上以实用为基础的颠覆性创新台阶。

第二层是算力。经过系列产品升级，算力成为支持人工智能从应用层到实际可用层的主要驱动因素，计算体量的增加、计算效率的提升，让许多软件实现技术突破、有了硬件落地的可能。随着用户需求的上升，产品所需要的算力不断攀升，而现有设备和经济成本无法匹配供给。算力的提升可以实现弱人工智能到强人工智能转变，使人工智能从"人工弱智"逐渐转变为"世事洞明、人情练达"。此外，算力的提升也将增强数字经济的驱动能力，让人工智能更好地为经济创新赋能。

第三层是数据。近年来，中国移动端和 PC 端的数据量呈现指数式增长，8.54 亿网民使用和沉淀下的庞大数据，既是珍贵的资源，也存在一定的运用难度。现阶段，在数据筛选方面尚有一些节点需要改进，因此如何更好地筛选出结构化数据，通过明确的数据指示落实成项目，是当前亟须破解的难题。未来人工智能若能精准迅速地筛选出结构化数据，并不断产生新数据，会进一步激发数字经济的供给侧能量，成为推动数字经济的源泉。

第五节 / 人工智能赋能数字经济

当前，人工智能已经逐渐渗透到各个领域，并不断为行业赋能。在数字经济中，人工智能相关技术的应用逐渐改变着医疗、金融、零售、交通、家居、人力资源等多个领域，为传统行业实现跨越式发展、新业态的生成与成长带来了强大推动力。

智能医疗

目前，智能医疗主要应用在医学影像、虚拟助理、健康管理、药物研发等产业领域。[1]

医学影像主要是为解决现阶段医疗资源匮乏、医疗工作人员工作强度大等痛点，开发出的能够自动识别、自主确认的智能医学影像。

虚拟助理意在进一步为病人提供方便，从硬件和软件两个形态对传统医疗模式进行改善，从而促进语音电子病历、导诊机器人和智能问诊 App 领域发展。目前，主要合作模式为人工智能公司按医院需求定向开发。此类产品在技术、政策层面几乎不存在限制，尚未大规模投产是因为存在医疗数据"孤岛"和病人对于机器信赖不足等问题。

健康管理相当于身体健康管家，包括健康状态监测、疾病发生

---

[1]《一文看懂人工智能在医疗领域中的应用》，https://www.cn-healthcare.com/article/20170516/content-492352.html.

预测、全方位健康管理。

AI 赋能药物研发主要应用于药物研发流程中的寻找适应证环节，通过建立寻找模型，基于海量适应情况数据，高效寻找药物对应的适应证。AI 药物研发需要一定时间，目前国内国际均无成功企业，主要受限制于数据缺乏、算法精准度不高等。

智能金融

智能金融可以替代高成本的数据分析师和理财经理，是赋能行业的核心业务。

智能投顾取代的是投资顾问的角色，通过 AI 对于传统投资顾问领域赋能，经过精密的智能分析，降低投资门槛、优化服务方式、增加服务内容、减少管理费用，从需求端和供给端同时发力。2015 年以来，智能投顾受到了各大资本的普遍关注，纷纷投入相关项目，带动投融资金额几何倍增长。

风险控制是金融行业的心脏，AI 赋能金融风控，有助于推动金融风控进行流程再造，促进科技金融更迭。智能风投可以通过搜集数据、行为建模、用户分析和风险定价四个环节，自主运算得出风控评价，蚂蚁金服、京东金融都在这方面有较出色表现。

投研是完成数据到结论的过程，AI 主要赋予投研从搜索、提取、分析到观点呈现全流程的新技术、新能力。现阶段智能投研企业可分为两种，一种是纯技术提供者，代表企业有萝卜投研、数库科技、文因互联等；另一种是基金公司自身的尝试，如天弘基金、嘉实基金、华夏基金等。

智能零售

在零售仓储环节，通过对销量数据的计算和预测，企业管理者可以科学选定枢纽的数量、位置，合理安排配送规划及优化路径，如京东智慧供应链使用人工智能建设备货、调拨及物流管理、业务监控预测、库存管理、客户关系管理等多项系统，方便了京东对于整条供应链的把控，从而更好地应对日趋复杂的销售市场。

智能零售的优势在销售环节突出体现在精准营销与个性化推荐方面。在零售端口，根据消费者的基础行为，通过一系列智能模型的自主推算，构建全方位画像，明确消费者心态、喜好，并形成一客一卡的清晰研判，在极短的时间里匹配消费需求，再以点对点的方式精准推荐商品，有效提高消费者黏性。

人工智能的全面应用将实现零售购物的定制化个人服务，包括虚拟导购、机器客服、无人配送物流服务等。智能无人商店逐渐成为各路企业争抢的新据点，沃尔玛、伊利、娃哈哈、北京居然之家等企业纷纷加入无人商店布局，无人商店的市场规模呈现井喷式增长。

智能交通

在交通领域，AI 运用各类感知手段数字化重构产品使用、生产、维修等各个环节。

驾驶辅助系统是 AI 交通出行的重要支撑，随着全方面的产业提升，系统在智能感应、智能交通、智能计算平台、信息控制等方面不断迭代升级。国内重点车企和大型互联网企业都在紧锣密鼓地布局，如长安、吉利、谷歌、阿里巴巴等。

智能产品维修优化是针对运行状态信息，通过大量数据收集及研判、综合评估，为交通产品在生产和后续维修环节提供支持，减少故障反应时间，甚至避免事故发生。

智能家居

AI 赋能家居行业，主要改变家居生活的温度、舒适度、客观度，让自动化的机器设备依托智能技术形成系列个性化生活态系，实现人与机器、机器与机器、机器与环境相互交融学习。

安防监控是人工智能最先大规模产生商业价值的领域，成为许多 AI 技术研发公司的切入点。伴随着平安城市和智慧城市建设，AI 技术在安防领域的应用在全国得到推广，例如上海南站上线"依图蜻蜓眼人像大平台系统"，安防从传统模式迈入智能新时代，从事后查证向事前预警前移。[①]

AI 赋能在机器与人互动交流中，让人类语音成为机器能够使用的数据资料，机器接收数据资料进行自我分析，完成应用环境学习。智能音响成为智能语音互动的产品载体，满足不同需求的音响品牌层出不穷。

智能人力资源

AI 赋能人力资源，主要是利用自然语言处理、多帧图像识别以

---

①《人工智能应用于安防行业历史发展及现状》，http://dy.163.com/v2/article/detail/E8UH8TRA0511PT5V.html.

及情绪识别等技术，构建以人才和企业为核心的知识图谱，然后再利用构建的知识图谱逆行对比或分析处理，最终生成人岗匹配结果或分析报表。[1][2]

在招聘平台的基础上进行人工智能赋能，解决了原有行业人才与企业信息不对称的问题，提高了企业的筛选效率与 C 端人才的黏性——面对企业需求精准推荐人才，并提供人才画像；面对平台用户精准推荐职位的能力评价与薪酬定位。[3]

提供人工智能赋能的照片软件。在互联网时代已经存在的照片管理软件，整合各个招聘渠道信息，将招聘流程规范化、信息化。招聘管理软件通过对 HR 行为数据的检测，实时对企业招聘所需人才以及企业自身的画像进行更新，精准推荐人才。

应用智能 HR 助理机器人针对面试预约、校园招聘、初步面试及入职等环境定制专门问答，极大程度上节约企业 HR 的校园宣讲及带新人入职时间；通过解析面试视频的多帧图像，识别面试者面部情绪，推断出更多人物特征，给予面试官更多参考。

智能人力资源应用大数据、强分析、弱情感的特征，着手大量重复性、归档性、标准性的工作内容，对员工进行建档立项，构建出一套最适合企业用人进度、最适合员工职业发展规划的体系，摒弃更多人为因素，塑造优化企业环境。

---

①《科技驱动人力资源管理创新报告》，https://baijiahao.baidu.com/s?id=160739728 3764903908&wfr=spider&for=pc.

②《这些黑科技能帮你在人才管理和招聘上获得成功！》，https://new.qq.com/rain/ a/20180725A1J1HX00.

③《人工智能赋能人力资源报告》，https://www.docin.com/p-2117630377.html.

结　语

　　作为第三次工业革命的副产品——大数据，同样也是第四次工业革命智能化不可或缺的要素，而推动经济增长的数字经济，是信息化和智能化之间的桥梁，将见证数字经济向人工智能经济的过渡。

　　我们重视大数据，但不能迷信大数据，更不能过分夸大和依赖大数据。为什么？让我们从人工智能的四个阶段说起：符号推理→深度学习→认知推理→人机智能。目前处于基于大数据的归纳统计理论和技术架构的深度学习阶段，也就是常说的弱人工智能阶段。弱人工智能有重要的两个表象：一是深度学习算法对大数据、大量样本的高依赖；二是主要应用空间局限在图像识别和语音识别等领域，而在一些领域如高级别的自动驾驶中必须解决的人类行为预测问题，深度学习则显得力不从心。因此，基于大数据的深度学习的天花板和瓶颈已经显现，人工智能必须寻求新的技术突破，探索解决现阶段基于大数据的深度学习的根本性缺陷，为未来向认知智能阶段的过渡做好准备。

　　所以 AI 对产业的推动作用的关键还是核心技术的突破，不只是数据的作用。中国需要发挥数据大国的优势，把握数字化的发展规律，充分理解数字经济与人工智能经济相互转化过渡的关系，利用好我国人工智能应用场景的规模优势，大力发展人工智能，力争在人工智能基础研究和应用开发两个方面全面领先世界，推动中国从数据大国向人工智能强国的华丽升级。

第五章

推动人工智能和制造业深度融合

我国经济已由高速增长阶段转向高质量发展阶段，正处在转变发展方式、优化经济结构、转换增长动力的攻关期，建设现代化经济体系是跨越关口的迫切要求和我国发展的战略目标。

——习近平总书记在中国共产党第十九次全国代表大会上的报告

人工智能技术正在开启智能时代，重塑产业形态，推动传统产业升级换代，驱动"无人经济"快速发展，对既有业态产生颠覆性影响，引领着新一轮产业变革。世界主要发达国家对人工智能技术发展都给予了高度关注，视其为提升国家竞争力、维护国家安全的重大战略，力图通过发展人工智能掌握在国际科技竞争中的主导权。未来，人工智能将成为世界主要国家产业博弈的核心阵地。

我国经济已由高速增长阶段转向高质量发展阶段，正处在转变发展方式、优化经济结构、转换增长动力的攻关期，迫切需要新一代人工智能等重大创新添薪续力。要深入把握新一代人工智能发展的特点，加强人工智能和制造业深度融合，为我国经济高质量发展提供新动能。

第一节 / 中国工业现代化进程要补课

与发达国家在工业 3.0 基础上迈向 4.0 不同，我国不仅要追赶工业 4.0，还要在工业 2.0、3.0 方面"补课"。

——国务院总理 李克强

发达国家加紧实施再工业化，发展中国家也在加速工业化进程，我们面临着发达国家先进技术和发展中国家低成本竞争的双重挤压，加快我国产业转型升级迫在眉睫。[①]

德国对工业 4.0 的定义

德国工业 4.0 平台明确指出，发生在英国的第一次工业革命是工业 1.0，其主要技术特征是机械化，以电气化和自动化为特征的第二次工业革命是工业 2.0，接着以 PLC（Programmable Logic Controller，可编程逻辑控制器）广泛应用为特征的第三次工业革命是工业 3.0，当然，未来的以信息物理融合系统（CPS，Cyber-Physical Systems）技术为特征的制造业，称为工业 4.0。[②]

[①]《催生新的动能 实现发展升级》，http://politics.people.com.cn/n/2015/ 1016/c1001-27705942.html.

[②]《深入认识工业 4.0 时代的中国制造》，http://www.sohu.com/a/125477553_475952.

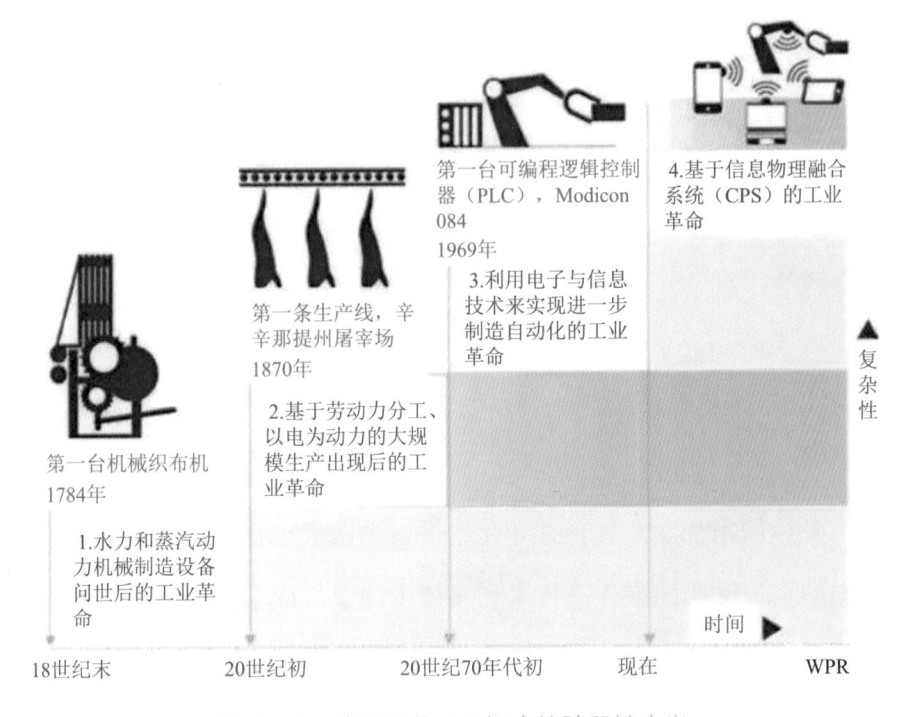

图 5—1　德国工业 4.0 概念的阶段性定义

在 2015 年 4 月德国工业 4.0 平台发布的《工业 4.0 实施战略计划》报告中，对工业 4.0 进行了较为严格的定义：

"工业 4.0 概念表示第四次工业革命，它意味着在产品生命周期内对整个价值创造链的组织和控制迈上新台阶，意味着从创意、订单，到研发、生产、终端客户产品交付，再到废物循环利用，包括与之紧密联系的各服务行业，在各个阶段都能更好满足日益个性化的客户需求。"

更进一步，德国工业 4.0 平台阐释了工业 4.0 概念的价值，它指出"所有参与价值创造的相关实体形成网络，随时获得从数据中创造最大价值流的能力，从而实现所有相关信息的实时共享。以此为基础，通过人、物和系统的连接，实现企业价值网络的动态建立、实时优化和自组织，根据不同的标准对成本、效率和能耗进行优化"。

由此可见，德国对工业 4.0 的定义是比较清晰的，对工业 4.0 在工业革命史中的阶段有比较明确的划分，同时也对工业 4.0 阶段的价值创造过程有了较为深入的分析，因此，工业 4.0 概念是一个较为完备的体系。

未来制造的网络化趋势

作为新一轮的工业革命，工业 4.0 时代跟前三次工业革命不同的地方是网络化，由于在生产制造核心价值创造环节大量采用了网络化技术，原有的价值创造体系将发生革命性的改变，从而促使整个社会技术体系产生变革，这是第四次工业革命存在的证据和理由。

互联网技术在人们消费领域的应用，导致人们的生活发生了翻天覆地的变化，特别是在中国，大量的用户使用电子商务、即时通信和移动应用等互联网产品及服务，大大改变了人们的传统生活形态。可以预想，如果互联网技术在生产制造领域得到充分利用，将对人们的生活产生巨大的改变。

人口仅为 8500 万，面积仅为两个广东一样大的德国，缺乏中国这样的一体化大规模市场，难以推动互联网技术在德国人生活中的深度应用，但由于德国的制造业非常发达，具有很好的应用新技术的环境，因此，德国工业 4.0 概念提出之后，得到了德国制造业的大量响应，纷纷加入德国工业 4.0 平台，共同推动德国工业 4.0 的应用。

从未来制造业发展的趋势来讲，利用 CPS 技术，把物理世界虚拟化，是降低创新成本的最佳途径。例如，传统汽车的制造过程需要先设计出图纸,制作出模型汽车,然后用模型汽车进行碰撞等试验,检验设计的效果,这样的流程花费的成本比较高,但利用 CPS 技术,新设计的汽车可以在模拟的测试环境中进行多次试验,而不用担心汽车碰撞实验中的损坏,这样可以大大降低成本。

理解未来制造业,需要考虑网络化技术给原有的制造过程带来的变革,高度网络化在多个层面发生作用,它可以在产业链环节、车间之间、生产线之间、流水线各环节以及任何物体之间发生,从而达到物与物的连接,这是 CPS 技术发展的最高境界——物联网。

总而言之,工业 4.0 时代就是第四次工业革命,它的核心技术CPS 带来的大量连接,形成了各种层级的网络化,这将大大改变现有的生产制造流程,从而影响制造业的价值创造体系,这就是第四次工业革命最大的趋势和特征。

中国需将 2.0 和 3.0 的课补完

无论是美国工业互联网、德国工业 4.0,还是"中国制造2025""互联网 +"行动,根本目的都是一致的,是为了抢抓新一轮科技革命和产业变革机遇,加快布局以数字化、网络化、智能化为核心的先进制造业,抢占国际产业竞争制高点,谋求未来发展主动权。[1]

各个国家的国情不同,制造业基础不同,工业互联网的发展路径和模式也必然有所不同。美国制造业高度发达,是互联网第一强国,

---

[1]《以"互联网时代工业变革之路"为主题》,https://www.sohu.com/a/35913677_117825.

其工业互联网更侧重网络和信息服务，核心是构建工业信息高速公路，保持其制造业的领先地位。德国是制造业强国，装备制造技术世界领先，德国工业 4.0 更关注装备和技术升级，突出智能工厂和智能生产这两大主题。我国的特点是互联网比较发达，制造业总体大而不强，与发达国家基本完成工业 3.0 相比，我国绝大多数制造企业在核心技术、关键零部件领域仍然处在 2.0 向 3.0 过渡，甚至处在 2.0 以下的阶段。因此，我国的互联网工业转型实践，尤其要注重运用开源、开放、共创、共享的互联网思维，利用数字化、网络化、智能化核心技术，改造提升制造业的产品质量、技术水平和商业模式。其中，有两点至关重要，值得特别重视。[1]

一是应当立足于制造业基础。从全球来看，国际金融危机爆发之后，无论是发达国家还是发展中国家以及新兴经济体，都纷纷制定以重振制造业为核心的再工业化战略，制造业又一次成为全球经济竞争的聚焦点。从我国来看，制造业增加值在 GDP 中占 30%，其中高技术制造业全部规模以上工业比重 13.8%，国家经济的主体就是制造业。如果没有制造业从大到强，我国经济将很难获得进一步健康发展。[2]

在探索互联网工业的转型实践中，制造企业应立足生产流程，将互联网渗透到研发、制造、物流、销售、售后等各个环节，利用互联网技术来提高生产效率、降低成本并实现柔性生产。打造符合

---

①《紧跟互联网工业变革步伐》，http://paper.ce.cn/jjrb/html/2015-10/17/content_279386.htm.

②《经济日报徐如俊：我国制造业必须走工业 2.0 补课、工业 3.0 普及、工业 4.0 示范的并联式发展道路》，http://www.hui.net/news/show/id/2569.

自身特点的数字化车间和智能工厂，驱动传统制造向服务型制造转型，以客户需求为中心，为客户提供端到端的服务，提升用户体验。

二是应当根据自身实际探索转型路径和发展模式。无论是美国倡导的工业互联网，还是德国的工业 4.0，都是依据本国的产业生产力及地域文化提出的。与美国、德国等发达国家相比，我国制造业基础较弱，虽然在产量和规模上有很大优势，但在质量和核心技术上差距不小，制造企业达到 4.0 标准的屈指可数。因此，各个规模类型企业的转型发展，不可能齐步走。需要把好的理念、经验和制造企业的自身实际结合起来，以解决质量、管理、品牌、设计等各方面的不足。

我国制造业必须走工业 2.0 补课、工业 3.0 普及、工业 4.0 示范的并联式发展道路。各地区各企业应合理定位，尊重科学规律，不能一蹴而就。

中国工业化发展进入新阶段

党的十九大报告作出"我国经济已由高速增长阶段转向高质量发展阶段"的重要判断，我国正处于转变发展方式、优化经济结构、转换增长动力的攻关期。在这个阶段提出高质量发展这一命题，有着纵向和横向的内在逻辑，而且实现高质量发展必须遵循一定的路径。[①]

中国工业化发展进入新阶段

改革开放 40 年来，我国国内生产总值由 3679 亿元增长到 2017 年的 82.7 万亿元，年均实际增长 9.5%，远高于同期世界经济 2.9% 左右的年均增速，这得益于我国工业化的快速发展。

根据学者对工业化发展进程的划分，提出高质量发展命题时，我国基本进入工业化中后期。具体来看：2017 年我国人均 GDP 达到 8643 亿美元，已经处于工业化后期的中段；我国第一、二、三产业增加值占比分别为 7.6%、40.5%、51.9%，符合后工业化阶段第一产业增加值占比小于 10%、第二产业增加值占比小于第三产业增加值占比的要求；工业结构中，制造业（工业）增加值占总商品增加值比重 33.9%，接近工业化中期；空间结构方面，我国人口城镇化

---

①《高质量发展逻辑与实现路径》，https://baijiahao.baidu.com/s?id=1633342558903 860105&wfr=spider&for=pc。

率接近 60%，并且按年均 1 个百分点增长，很快将进入工业化后期；就业结构方面，第一产业就业人员占比为 26.98%，已经处于工业化后期。

高速增长是工业革命后才有的现象，第二次世界大战之后，包括日本、美国等发达经济体，中国、印度等新兴经济体，都曾有过或正在维持着持续高速增长的阶段，但高速增长并不能永远持续下去。根据罗斯托的"起飞理论"，经济发展可以划分为六大阶段，包括传统社会、为起飞创造前提、起飞、成熟、大众消费、追求生活质量，一般而言只有在成熟阶段才会出现持续时间较长的高速增长，一旦经历过成熟阶段，对经济增速的追求转而变成对大众消费和生活质量的追求。

托马斯·皮凯蒂认为，高速经济增长只是工业化时期发生的一段特殊历史现象，当工业化完成后，这种高速增长将不复存在。在现实经济运行中，未曾出现某个经济体持续很长时间的高速增长，大部分经济体的发展轨迹都遵循"螺旋上升"规律，即较长时间的高速增长后经济增速会有所下滑，但经济发展质量会不断提升，使得该经济体进入新的发展阶段。

在中国进入工业化中后期提出高质量发展，是理论演变与现实发展相结合的必然结果。可从三个层面理解高质量发展：一是微观层面，高质量发展要求高的产品质量。这需要借助劳动过程中的技术变革提升要素质量而实现，提升要素质量的渠道是提高要素的结合效率和剩余价值转换为资本的使用效率。二是中观层面，高质量发展要求高的结构质量。马克思认为如何实现社会总产品是社会再生产的核心问题，要实现社会再生产，生产资料部类和生产生活资料部类需要保持部类之间、部类内部的构成比例平衡，即有必要保持生产资料和消费资料的比例关系，这就是结构问题，高质量发展就是要保持供需、产业、市场等方面的结构平衡和有效。三是宏观层面，高质量发展要求高的生产力质量。生产力是衡量一个社会发展水平的基本尺度，如果生产力水平较高，生产的效率和质量都会提高，从而提高由劳动提供的使用价值量。

产业国际转移呈现新特点

根据产业转移理论，随着各国经济的不断发展，产业会在区域内进行转移。历史上，大致有四次国际产业转移。第一次国际产业转移（18世纪末至19世纪上半叶）输出地为英国，目的地包括法国、德国等欧洲大陆国家以及北美（主要是美国），这次产业转移使得美国成为名副其实的"世界工厂"。第二次国际产业转移（20世纪50至60年代）输出地为美国，目的地包括日本和联邦德国，美国保留集成电路、精细化工、汽车、精密机械等资本和技术密集型产业，将纺织、钢铁等传统产业转移出去。第三次国际产业转移（20世纪70至80年代）输出地为日本和美国，目的地为"亚洲四小龙"，日本和美国将纺织、服装等劳动密集型产业和部分重化工业转移出去，本国重点发展机械、汽车等出口导向型资本密集型产业，同时还发展航空航天、电子等资本密集型高科技产业。第四次国际产业转移（20世纪80年代中后期至2008年国际金融危机）输出地为日本、美国和"亚洲四小龙"，目的地为东盟四国和中国内地，中国内地是这次国际产业转移的最大受益者，美国和日本大力发展新能源、新材料等高新技术产业，将劳动、资本密集型产业和部分低附加值的技术密集型产业转移出去。

2008 年国际金融危机后，全球贸易、直接对外投资（FDI）以及跨国并购均呈现不同程度的下滑，当时外商有撤离中国的倾向。在 2008 年国际金融危机期间，国际产业转移呈现新的特点：一是以目的地消费需求为导向。如果说前四次国际产业转移是目的地"被动"接受输出地的产业，那么这期间的国际产业转移更加注重目的地消费市场的需求，比如转移至中国的产业更加注重迎合庞大的消费潜力与市场规模。二是研发与国际产业转移并行。前四次国际产业转移为转移产业而转移产业，输出地保留了大量研发与创新环节，但随着日趋激烈的市场竞争，更多跨国公司在目的地设立研发中心、增加研发投入，成为目的地创新体系的重要组成部分。三是能源与原材料成为产业国际转移的重要动力。作为要素成本，能源与原材料一直是产业国际转移要考虑的重要因素。各个国家、各个跨国公司对能源与原材料的"争夺"异常激烈，对能源与原材料出口国来说，与提高出口产品附加值相关的产业倾向于向这些国家集聚。

目前学术界和产业界普遍认为全球正进入第五次产业国际转移。根据赛迪智库规划研究所的成果，第五次产业国际转移以中国为输出地，以发达地区和欠发达地区为目的地，呈双路线转移的特征，即劳动密集型产业转移至中国中西部以及东南亚等地区，部分高技术产业与产业链高端环节回流至美国、欧洲等发达地区。这可从两个例子看出：一个例子是 2017 年中国纺织机械出口前五位的国家分别为印度、越南、孟加拉国、印度尼西亚和美国，占全部纺织机械出口额一半以上；另一个例子是科尔尼咨询公司统计显示，2010—2014 年回流美国的企业数量分别为 16、64、104、210 和 300 家。在面临第五次产业国际转移的背景下，中国提出高质量发展的要求，是对短期阵痛与长期有利的预判，将倒逼制造业创新和价值链提升。

实现高质量发展的路径

实现高质量发展，不能再依靠过去高污染、高耗能、高投入的粗放式发展方式，必须坚持质量第一、效益优先，以供给侧结构性改革为主线，推动创新引领、结构调整和全面开放。具体而言，高质量发展应遵循如下路径。

第一，供给侧结构性改革是高质量发展的主线。我国经济社会发展面临诸多叠加的矛盾，需要有针对性地进行结构性改革，单纯依靠凯恩斯式的需求管理，已然不能满足现实需求，因而需要从供给侧入手。要着手建设现代化经济体系，注重实体经济的发展，着重提高供给体系质量，增强经济发展的质量优势。要加快建设制造强国，产业国际转移造就了曾经的美国、日本、德国的"制造工厂"，也成就了现在中国的"制造工厂"，先进制造业是高质量发展的坚实基础，要将互联网、大数据、人工智能与实体经济深度融合。要促进我国产业迈向全球价值链中高端，进入后工业化阶段以及作为产业国际转移输出地的国家，大多处于全球价值链高端，应培育世界级的先进制造业集群，推动我国产业向"微笑曲线"两端移动。要营造保护企业家精神、工匠精神等社会风气，企业是创新创业的主体，激发企业家精神，让创新创业成为社会风尚，尊重知识、尊重创造、尊重人才、弘扬劳模与工匠精神。

第二，创新引领是高质量发展的核心动力。创新是引领高质量发展的核心动力，是建设现代化经济体系的战略支撑。在国际发展竞争日趋激烈、我国发展动力转换的形势下，需要把发展基点放在创新上，更多发挥创新引领型的高质量发展优势。要实施创新驱动发展战略，同时注重加强基础研究和应用研究，既要瞄准世界前沿科技，实现前瞻性基础研究、引领性原创成果重大突破，又要拓展实施国家重大科技项目，为科技强国和质量强国提供有力支撑。要构建国家创新体系，以科技体制改革为切入口，建立企业为主体、市场为导向、产学研深度融合的技术创新体系，引导构建产业技术创新联盟，推动跨领域跨行业协同创新，促进科技与经济深度融合。要培育创新人才，当今世界的竞争说到底是人才的竞争，要造就一大批战略科技人才、科技领军人才、青年科技人才和高水平创新团队，深化市场配置要素改革，促进人才、资金、科研成果等在城乡、企业、高校、科研机构间有序流动。

第三，优化结构是高质量发展的必然要求。我国经济社会发展的问题，一方面是总量问题，另一方面是结构问题，就目前的发展阶段来说，结构问题的矛盾更为突出，因而优化结构是高质量发展的必然要求。要优化城乡结构，以实施乡村振兴战略为切入点，加快推进农业农村现代化，构建现代农业产业体系、生产体系、经营体系，培育新型农业经营主体，健全农业社会化服务体系，促进农村一二三产业融合发展，健全城乡融合发展体制机制和政策体系。

要优化区域结构，以实施区域协调发展战略为切入点，大力支持老少边穷地区的发展，建立推进西部大开发、振兴东北老工业基地、推动中部地区崛起和引领东部地区优先发展的区域协调机制，以城市群为主体构建大中小城市和小城镇协调发展的城镇格局，同时注重推进京津冀协同发展、长江三角洲区域一体化发展、粤港澳大湾区建设、成渝城市群发展等。

第四，全面开放是高质量发展的必由之路。世界的发展离不开中国，同样中国的发展也离不开世界，中国要实现高质量发展，仍需要借鉴发达国家的成熟经验、先进技术、管理方式等，在新的阶段实施全面开放，是高质量发展的必由之路。要以"一带一路"建设为重点，坚持共商共建共享原则，推进基础设施互联互通和国际大通道建设，加强能源资源合作，尤其是加强在创新能力方面的开放合作，引进来与走出去并行，形成陆海内外联动、东西双向互济的开放格局。要实行高水平的贸易和投资自由化便利政策，以负面清单管理制度放宽市场准入，鼓励引导高科技、高质量的跨国企业在我国注册经营，保护外商合资合法权益。要加快对外贸易优化升级，从外贸大国迈向贸易强国，创新外贸发展模式，加强营销和售后服务网络建设，提高传统优势产品竞争力，巩固出口市场份额，推动外贸向优质优价、优进优出转变，壮大装备制造等新的出口主导产业。

第三节　　人工智能助力制造业高质量增长

中国特色社会主义进入了新时代，我国经济发展也进入了新时代，基本特征就是我国经济已由高速增长阶段转向高质量发展阶段。

——摘自 2019 年 8 月 20 日《人民日报》

制造业是立国之本、强国之基，从根本上决定着一个国家的综合实力和国际竞争力。2018 年年底召开的中央经济工作会议指出，要推动制造业高质量发展，坚定不移建设制造强国。这就进一步明确了新时代我国制造业发展的历史任务，为当前和今后一个时期我国制造业发展指明了方向。从制造大国走向制造强国，我们处在进行时当中，需要进一步提高思想认识，把握内涵，突出重点，采取有力措施，大力推动制造业高质量发展。[①]

制造业转型如何应用人工智能技术

首先，我们需理解制造业转型离不开人工智能的原因。

制造业是人类赖以生存和发展的基础产业，是个古老的产业，但到 20 世纪末 21 世纪初，全球制造业发生了深刻的变化，这个变化来自企业外部的变化，过去以产品为中心，现在过渡到以市场为

[①]《大力推动制造业高质量发展》，http://theory.people.com.cn/n1/2019/0318/c40531-30980692.html.

中心，进一步发展到以顾客为中心。企业外部的变化带来企业内部的变化，产品多样性、个性化的需求给制造企业带来挑战。①

在新型技术的牵引下，制造业发生了深刻的变化，这个变化主要是向数字化、智能化、拟人化、绿色化方向发展。在这样的背景下，世界各国对制造业高度重视，纷纷出台了一些振兴制造业的战略计划，有三大战略计划比较知名，其中之一是美国先进制造业国家战略计划，强调三大技术突破，包括先进制造的感知控制、智能制造技术平台和先进材料制造。

其次，制造业转型涉及哪些人工智能技术?

对于中国制造业而言，在自动化流程和工艺水平尚有欠缺，同时物联网、云、大数据和人工智能等新技术爆发的历史节点，拥抱人工智能、走两化融合之路是弯道赶超先进制造大国的最佳路径。说人工智能不懂制造业，或者说制造业大势已去，都是不负责任的说法。真正应该关心的，是如何用好人工智能企业的经验，来帮助制造业转型升级。②

最后，制造业转型该如何应用人工智能技术?

人工智能与制造业的融合为什么比较热呢? 从技术观点看，主要有八大关键技术与制造业紧密相关，第一个就是深度学习算法，第二个是增强学习算法，第三个是模式识别算法，第四个是机器视觉算法，第五个是数据搜索方法，第六个是知识工程方法，第七个

---

① 《制造业转型与人工智能技术之间的关系 如何应用人工智能技术》，http://www.elecfans.com/article/89/2018/20180404657454.html.

② 《"智变与突破"——制造业与人工智能》，http://www.sohu.com/a/303924357_120104722.

是自然语言理解，第八个是类脑交互决策。它可以带动几千亿产能通过附加设备。每一项技术对产业的带动都非常大。[①]

中国要从制造大国走向制造强国，没有千百万的工匠是不行的。过去很大程度是师傅带徒弟，徒弟进工厂操作，加工一个复合材料的零件，徒弟不知道，只好问师傅。

常说的"智能制造"，最宝贵的就是把千百万个师傅的宝贵知识、宝贵经验总结出来。根据加工的要求，总结并推送出一个智能化加工方案，按照这个方案，加工质量是最好的，加工效率是最高的，加工成本是最低的。"智能制造"不仅要把师傅的经验总结出来，而且要把制造加工的知识总结出来，把管理人员的经验总结出来，把服务人员的知识总结出来，用知识工程牵引智能制造。

人工智能在制造业应用的重点领域

传统制造业单一的生产模式以及人员思维方式和认识方面的局限性，导致系统中很多有益的价值并未被完全挖掘出来，但以人工智能为代表的新技术能为传统制造业带来巨大的改变，摆脱人类认知的局限性，提升制造效率，通过数据科学和数据分析来为决策支持和资源优化提供可量化依据。[②]

首先，人工智能对生产设备维护和优化的影响。

工厂运行和维护：如果某一条生产线在生产过程中突然发出故

---

① 《人工智能与智能制造关键技术的应用以及发展趋势》，http://mini.eastday.com/mobile/180331041336404.html.

② 《为什么人工智能对传统制造业的冲击更大？》，http://www.sohu.com/a/328979661_251620.

障警示，该设备能进行自我诊断，找到出现问题的地方和分析出产生该故障的原因，凭借历史维护记录和维护准则来告知员工应该如何解决设备故障，甚至能够让机器实现自我诊断、自我解决、自我恢复。[①]

设备预测性维护：充分利用大数据建模和神经网络等先进科技算法进行提前预判，就能让机器设备在出现故障之前分析出或者感知到可能会出现的一系列问题。

产线设备参数优化：生产线工位有少有多，可能有几十个甚至上百个，其中涉及的产线设备、生产材料、员工等都非常繁多。通过基于生产线的大量数据分析和智能计算能够核算出每个工位最佳的人员配比，使生产线平衡率尽可能提高。减少物质能源、时间和资金的占用和浪费，尽可能降低生产成本和员工的疲劳度，减少设备损坏和员工工伤的概率，从而优化生产工艺，改善产品品质。提高生产效率，节约生产成本，最终实现企业效益的提升。

其次，人工智能在质量检测方面的优势。

传统的视觉检测设备大概有 30% 左右的误判率，而人工智能最重要的一个能力就是学习能力，例如同样一个划痕，它可能和传统的系统一样第一次都会出现错误，但通过深度学习后人工智能可以杜绝此类错误的重复出现。

最后，人工智能在仓储物流方面的广泛布局。

在仓储物流中，随着新技术的不断引入，体力劳动者第一个面

---

①《人工智能快速发展，给传统制造业带来哪些影响？》，http://ai.infosws.cn/20190520/21956.html.

临被替代的风险，因为人工智能所创造的动力机制能够在全天 24 小时的情况下来完成相应的工作任务，并且能够保证工作的精准性，降低了员工在处理重型机械时给自己或他人造成事故的风险。2014 年亚马逊的 Kiva 机器人被引进，它在仓库中的工作速度比人类快得多。使用人工智能技术来替代体力劳动是更高效更经济的选择。

在仓储环节，对于企业仓库选址的优化问题，人工智能技术能够摆脱现实环境的种种约束条件，如顾客、供应商和生产商的地理位置、运输经济性、劳动力可获得性、建筑成本、税收制度等，进行充分的优化与学习，从而给出接近最优解决方案的选址模式。人工智能能够减少人为因素的干预，使选址更为精准，降低企业成本，提高企业的利润。

在库存管理方面，人工智能在降低消费者等待时间的同时使得物流相关功能分离开来，令物流运作更为有效。人工智能技术最广为人知的一个应用就是通过分析大量历史数据，从中总结相应的知识，建立相关模型，对以往的数据进行解释并预测未来的数据。库存管理的方法是人工智能技术应用较早的领域之一，通过分析历史消费数据，动态调整库存水平，保持企业存货的有序流通，提升消费者满意度的同时，不增加企业盲目生产的成本浪费，使得企业始终能够提供高质量的生产服务。早在 2016 年，DHL 已经成功在荷兰进行了智能眼镜应用试验，实现业务中视线采集数据，员工通过智能眼镜扫描仓库中的条码图形以加快采集速度和减少错误。统计数据表明，AR 为物流提供的增值，在采集数据过程中效率提高了25%。

对于运输路径的规划，智能机器人的投递分拣、智能快递柜的广泛使用都大大提高了物流系统的效率。随着无人驾驶等技术的成熟，未来的运输将更加快捷和高效，通过实时跟踪交通信息，以及调整运输路径，物流配送的时间精度将逐步提高。而无人监控的智能投递系统也将大大减少包装物的使用，更加环保。

云计算、大数据、物联网、智能终端等互联网基础设施的投入，都将帮助企业直接接入互联网，可以促进信息的广泛流动，实现更广范围的信息分享和使用，从而降低信息处理成本。

第四节 人工智能与制造业深度融合将成重头戏

制造业经过机械化、自动化、数字化等发展阶段，目前正在逐步进入人工智能时代。在制造业顺应时代潮流积极创新发展和转型升级的过程中存在着一些障碍和短板，主要表现为传统制造业通过管理和技术革新提升效率和效益的方式难以克服"天花板效应"、人工成本不断攀升且人为因素的不确定性增强、技术研发的高风险和长周期降低创新的积极性、企业柔性化程度难以满足个性化小批量市场需求、产品质量控制难度增大使真正意义上高质量发展难以实现等。这些问题的存在是造成我国制造业难以进一步缩小与世界领先差距的主要原因。[①]

人工智能作为一个虚拟劳动投入，具有横跨多个学科的专业能力和执行力、敏捷性和适应性、重复工作和自我学习等方面的优势，形成比人类劳动者和制造业传统运营方式更强的竞争力。因此，从制造业和人工智能两方面考虑，短期内，制造业中部署人工智能的目标是通过精密的算法弥补人类专业能力和洞察力的不足和缺陷，突破制造业传统经营模式的局限，促进制造业的转型和升级。但在初始阶段，人工智能与制造业融合发展的实现路径一定是在某些特

---

① 《促进人工智能与制造业深度融合发展的难点及政策建议》，http://gjs.cssn.cn/kydt/kydt_kycg/201810/t20181009_4666529.shtml.

定行业、特定领域率先进行实践。一方面，人工智能在很多领域和层面的表现尚未达到传统制造业投融资管理、技术研发、生产加工、组织协调、营销策划的要求，此时人工智能与制造业融合发展必然是以发挥人工智能在特定领域和层面的优势为原则；另一方面，制造业各部门面临转型升级的困境和短板不同，其价值链的形态也有区别。人工智能一定是在其自身具有比人类劳动者更大的竞争力，并且某个制造业部门在提升价值链迈向中高端水平或转型升级补齐短板过程中的需求恰好与人工智能所具有的优势相匹配时，才会率先实现人与制造业的融合，并取得可观成效。

提升制造业生产效率与经济效益

国际金融危机后，世界经济持续低迷，各国都在寻求提高生产效率带动实体经济复苏的方法，我国制造业更是面临全要素生产率下降甚至负增长的局面。改革开放以来，我国依靠技术引进、管理变革实现了制造业部门效率和效益的显著提升，但随着制造业装备条件、技术和工艺水平、管理能力逐步接近和达到世界领先水平，继续依靠传统手段进一步提高生产效率和经济效益的空间已经很小。

近年来，以人工智能为代表的新一代信息技术在商业上的运用取得颠覆性的效果，极大提高了商业和服务业的效率和效益。随着制造业应用条件的改善、应用场景的增多，人工智能逐渐成为一种全新的投入要素，改变生产函数，从而为制造业生产效率和经济效益创造新的上升空间。如自2015年起，我国陆续在31个省（市、区）、92个行业类别中遴选了305项智能制造试点示范项目，拉动投资超过千亿元人民币。根据工业和信息化部的统计，试点示范项目智能化改造前后对比，生产效率平均提高 37.6% 以上，最高提高三倍以上；能源利用率平均提升 16.1%，最高达到 1.25 倍；运营成本平均降低 21.2% 左右，产品研制周期平均缩短 30.8%，产品不良率平均降低 25.6%。在此基础上，已初步建成 208 个具有较高水平的数字化车间／智能工厂。由此可见，试点示范项目效率提升和成本下降的幅度通过传统手段是难以达到的。[①]

智能工业装备的使用是人工智能提高制造业生产效率和经济效益的重要途径。与自动化时代的工业装备比较，智能工业装备主要在三方面能够进一步促进企业效率和效益的提升。第一，大多数自动化装备以单机为工作单元，设备与设备之间协作较少。智能化装备建立在工业互联网基础上，所有设备在统一平台上进行数据交换，接受统一指挥。第二，自动化设备只能执行事先预设的任务，完成固定不变的工作智能化设备。由于安装各类传感器，能够自主调整、优化和修正，排除大多数故障，大大降低了对工程师的依赖，也减少了设备停机时间。第三，智能化装备拥有"学习"能力，随着数据量的积累能够辅助管理者，或者自主决定生产任务、调整生产计划，这是自动化设备不具有的功能。如位于德国海德堡的 ABB 智能工厂主要生产微型断路器等电气产品，通过应用 ABB Ability 数字化解决方案，采用了 7 种智能机器人后，该工厂完全进入自主工作模式，机器人根据前序工段的情况进行自动调整，确保工厂始终处于最佳状态。

---

① 《中国 305 个智能制造试点示范项目拉动投资超千亿》，http://www.elefans.com/d/843316.html.

智能机器人的应用又将原本已经很高的生产效率进一步提升了3%，装配线的灵活性也极大地提高，同时产品种类比之前丰富了3倍。

有效缓解人力成本上涨压力，弥补人类劳动者的不足

随着经济持续增长和人口老龄化的日益严重，劳动力供给逐渐减少，人口红利逐渐消失，劳动力成本不断上涨。我国尚处于工业化中后期，这是成为工业化国家最艰难也是最困难的爬坡阶段，很多后发国家没能最终实现工业化进入发达国家行列都是在这一发展阶段没有实现根本转型。近几年，国内部分制造型企业已将人工智能作为一种新的投入要素，在很多岗位和领域辅助人类劳动者，大大提升劳动力的效率。企业的数字化转型能够使劳动者与机器形成更深入、更融合的协作关系。以空调行业自动化和智能化水平较高的美的为例，其位于广州南沙的智慧工厂的全自动化生产线已经实现了自动化率65%，200多台机器人基本涵盖机器人各种门类，他们被安排在各个岗位中，有序地重复各自的工作和职能。而其领先的智能网关技术打通工业互联网各关键节点，让年代、型号有相当差异的41类189台设备实现无缝连接；人工智能的引入，赋予机器判断、决策的能力，应用在质检中可将空调外观检测精度提升80%，检测成本下降55%。[①]

制造业产品质量水平与工人的技能水平、工作态度密切相关。企业的现场管理能力提升、质量检测级别提高能在一定程度上减少

---

①《走了一圈美的智慧工厂，我们总结了这几个关键词》，http://baijiahao.baidu.com/s?id=1640953303005930455&wfr=spider&for=pc.

产品质量波动，但人的情绪、状态始终是无法被完全控制的，人类劳动的精细化程度和耐力水平也是有上限的。相比较而言，机器设备不存在情绪和疲劳等问题，且能够在极高精度水平下保持每次动作的一致性。

从人类工业化历史看，新设备的出现，总是最先替代人类最不愿意从事，或者人类没有能力胜任的岗位。在某种程度上，循序渐进的"机器辅助人"实际上提高了人类的福祉，只有在人类自身教育水平和素质提高的速度跟不上技术进步的需要时，"机器"才会危及人类就业。很多实证研究都发现，智能机器人密度与产品的质量和性能成正比，通过提高具有人工智能功能的工业机器人密度，可以有效提高产品生产品质和产业发展质量。

提高生产的柔性化程度，实现低成本的大规模定制

第二次工业革命的一个显著特征是通过规模化、标准化、流水线的方式实现了低成本大规模生产，同时也造成了制造业的刚性越来越强。工业设备解决的是确定性问题，如果客户根据自己的需求订购一款产品则会产生额外成本。20世纪末，戴尔等企业提出了大规模定制化生产，但这仅限于模块化程度很高的产品，所谓的"定制"也仅仅是有限的模块组合选择。而当前市场需求的一个重要变化是更加多样化和个性化，模块组合式定制模式已不能满足市场需求，能够在更低成本的条件下满足小批量、定制化的客户需求才能获得制造业的核心竞争力。传统制造企业柔性化程度较低，主要是由于机器设备和流水线的刚性决定的，调整生产线需要花费时间和资金，

面对巨额定制成本，很多企业无法为小批量定制化的产品安排合理的生产。人工智能的应用显著提高了制造企业的柔性化程度，满足了低成本应是大规模定制的需求。如日本工业机器人公司发那科与思科厂商合作，创建了发那科智能尖端连接和驱动系统（FIELD），这是一款依托先进机器学习技术的分析平台，捕捉并分析来自制造流程各个环节的数据，由此改进生产作业，减少工厂停机时间的人工智能系统。据估算，一家大型汽车制造商每分钟的停产成本高达2万美元。目前，FIELD系统已经在一家汽车制造商完成了为期18个月的"零停机"试点，在此期间，不仅节省了巨额的停产成本，而且多次改变生产计划满足客户定制需求，提高了企业生产的柔性化程度，实现了低成本的大规模定制生产。

较为准确地预测市场与匹配供需

全球新科技革命和产业变革背景下，市场需求更新速度加快。人工智能可以实现对海量数据的实时跟踪，并且具有自我学习能力，能够从复杂的市场信息中挖掘有价值的内容，准确把握市场动向，并基于有效数据给出最优建议，同时通过工业物联网系统将指令传递到价值链各个领域、环节。人工智能在整个产业链上匹配最佳生产计划的准确性，已经超出了最优秀管理者和传统信息系统的极限。如ABB北京低压工厂通过应用MES生产管理系统、机器人和无线终端，实现了从下单到交付整个价值链的全方位智能化升级。MES生产管理系统可对客户订单实时响应，基于客户需求自动对生产设备和加工参数进行配置，装配线在人工智能的支持下完成组装和测试，采用人机协同作业模式。客户需求和生产制造的无缝衔接，使企业能够较为准确地预测市场需求，并根据需求匹配产品供给，不仅提升了产品和服务质量，也缩短了产品交付周期，进一步提升了效率和收益。尤其对于规模经济比较突出的化工和冶金行业，预测市场和匹配供需的难度更大。人工智能的介入能够打通制造企业与客户之间的信息流，还能够通过大数据的采集、分析和预测，帮助制造企业在合理的成本范围内为客户提供定制化的制造。如南京钢铁集团应用人工智能打造定制化业务平台，重构客户关系模式，并通过定制化业务平台，实现了准时制生产，定制钢材的准时配送率高达 100%。同时，下游企业也因此获益，船厂的库存由原来的 2 个月减少到 7 ~ 10 天，库存资金占用大幅减少。即使在全球造船行业进入下行周期的不利环境下，南京钢铁及其下游船厂通过与人工智能融合依然实现了逆势增长，有效降低了成本、提高了效率。

促进制造业服务化转型

制造业和服务业的融合是制造业发展的主要趋势，也是制造业转型升级的重要方向。人工智能的应用不仅能够大幅度降低制造业进入服务领域的成本，并且可以创造更多制造业与服务业融合的新方式和新业态。如日本小松机械在生产工程机械的基础上推出了智能化工程服务项目，实现了由一队无人机测绘三维地图，并指导智能机器人控制大型工业车辆作业，帮助用户大幅提高施工效率和品质。运用人工智能技术的各种先进设备为制造企业的服务化转型提供了支撑，有效提高维护服务环节的效率。如德国电梯厂商蒂森克虏伯公司与微软合作，为其旗下 2.4 万名技术工人配备了集成人工智能技术的增强现实眼镜，在安装、检修电梯设备时，智能眼镜能够辅助工程人员识别现场使其获得技术支持，可有效提升精准度。业务升级后，技术工人的工作效率得以大幅提升，以往需要 2 小时才能解决的问题在增强现实眼镜的帮助下 20 分钟就能完成。

提升制造业质量控制能力

质量控制一直是制造业现场管理的重要内容，在工业产品同质化趋势明显的情况下，国家之间、企业之间、品牌之间产品竞争的胜负与质量控制密切相关。人工智能可以提升质检水平，提高产品良品率。如基于人工智能的机器视觉工具分辨率远超人类肉眼识别的水平，可以发现极为微小的产品缺陷。这样的人工智能系统不仅能迅速检测出缺陷，还能分析、识别出故障发生的根本原因，并基于此给出具体的解决方案，能够有效提高产品整体的质检通过率。如日本 NEC 公司推出的机器视觉检测系统可以逐一检测生产线上的产品，从视觉上判别金属、人工树脂、塑胶等多种材质产品的各类缺陷，快速侦测出不合格产品，并指导生产线进行分拣，不仅提升了质检效率，降低了人工成本，而且提升了出厂产品的合格率。人工智能能够在制造业生产线各个环节全面并实时监控生产全过程，与传统的终端抽检方式比较，实现了对产品全流程的质量监管。如保利协鑫与阿里云合作建设的智能工厂，人工智能对产品生产过程中 60 个关键参数实时监控并搭建参数曲线，使晶硅切片良品率提高了 1 个百分点，这相当于每年为企业增加了上亿元的利润。

结　语

当前，我国正全面贯彻创新、协调、绿色、开放、共享的新发展理念，加快建设现代化产业体系、经济体制、开放格局，着力建设现代化经济体系。而建设协同发展的现代化产业体系，必须以供给侧结构性改革为主线，而供给侧改革的关键点就在于发展先进制造业，培育新的经济增长点。

据统计，中国人工智能市场规模年均增长率超过 40%，但 23.4% 的投资是在商业及零售领域，18.3% 在自动驾驶，而制造业相关的人工智能投入不到 1%。但与此形成鲜明对比的是，制造业恰恰是人工智能应用场景中最具潜力的区域，人工智能能够大幅度提升劳动生产力，进而推动 GDP 增长。基于分析报告，到 2030 年，因人工智能的推动，全球将新增 15.7 万亿美元的 GDP，中国就占 7 万亿美元；到 2035 年人工智能将推动劳动生产力提升 27%，拉动制造业的 GDP 高达 27 万亿美元。

我国正逐渐完善人工智能产业发展政策体系，推动人工智能与实体经济深度融合是其重中之重，目标将加快基础设施建设，实施人工智能重大科技项目，建设高水平人工智能创新基地和开放平台，打造一批优势产业集群。我们认为智能制造是新一轮产业变革的核心内容，是制造业高质量发展的必由之路。因此，加快实施智能制造工程，优先培育和发展一批战略性新兴产业集群将成为当务之急。

第六章 >>

基础研究引领人工智能未来之路

近几年，"基础科学"被提及次数越来越多。2018年1月，国务院发布《关于全面加强基础科学研究的若干意见》；2019年7月，科技部发布《关于加强数学科学研究工作方案》，认可数学已成为人工智能领域不可或缺的重要支撑，并要求围绕大数据与人工智能的数学理论与方法等重点方向，以及信息技术、能源与环境、海洋、生物医药、经济与金融安全等国家重大战略需求中的关键数学问题进行项目部署。

与此同时，在企业层面，华为、阿里、腾讯等知名企业也纷纷加大了对基础科学研究的投入。阿里达摩院的成立与全球数学竞赛的举办、腾讯拿出10亿元支持基础科学研究、华为基础科学战略研究院的成立与在编15000多位基础研究的科学家与专家，无不表明基础科学研究的必要性和迫切性。

第一节 /// 基础科学的定义、特征及重要性

随着华为外部环境的变化，让过去多年很少在外部发言的董事长任正非，罕见且频繁地接受了国内外众多媒体的采访，在接受记者采访中，任正非表示最关心的问题是基础科学研究和教育。[①]

任正非认为华为在技术上已经发展到了目前理论水平的极限，若要继续高速发展，则必须从基础科学理论层面改进。

阿里巴巴成立"达摩院"，宣布 3 年投入 1000 亿元研发资金进行基础科学和颠覆式技术创新的研究。达摩院首批公布的研究领域包括：量子计算、机器学习、基础算法、网络安全、视觉计算等。

腾讯马化腾时隔三年再次出现在知乎上，并"深夜灵魂提问"："未来十年哪些基础科学突破会影响互联网科技产业？"

在未来论坛上，红杉资本中国基金创始及执行合伙人沈南鹏，认为资本应该积极关注黑科技以及基础科学的研究，着重强调了基础科学研究的重要性。

然而，为何国家和企业如此重视基础科学，将其视为长远大计？

---

① 《世界 500 强为何如此重视基础科学？》，http://dy.163.com/v2/article/detail/E8F13TUO0525CFPN.html.

何为基础科学

根据联合国教科文组织公布的学科分类目录，将基础科学分成七大类：

数学：包括代数学、分析学、几何学、统计学、拓扑学、应用数学、计算数学、计算机科学等。

物理学：包括粒子物理学、凝聚态物理学、光学、广义相对论、场论、量子力学、统计力学等。

化学：包括分析化学、无机化学、有机化学、物理化学、结构化学、高分子化学等。

生物学：包括植物学、动物学、细胞生物学、生物化学、分子生物学、生态学、遗传学等。

天文学：包括宇宙学、宇宙起源学、天星学、射电天文学、太阳系学等。

地球科学：包括大气物理学、大地测量学、水文学、海洋学、土地学、空间科学等。

逻辑学：包括逻辑的运用、演绎逻辑、一般逻辑、归纳逻辑、方法论等。

美国国家科学基金会发布的对基础科学的定义是：基础科学的研究目的是获取被研究主体全面的知识和理解而不是去研究该主体的实际应用。简单地说，基础科学就是要告诉我们：真实的世界是什么样子的；而且大多数投身于基础研究的科学家们一致的目标就是：增进人类对宇宙的了解。

每当基础科学研究有一个重大突破的时候，即使你不是科学家也会为这样的新闻感到兴奋不已。比如，2016年科学界的最大发现——引力波的直接探测（验证了爱因斯坦100年前的预言），以及2012年发现的希格斯玻色子（标准模型的最后一块拼图）。

很多人可能有过这样一些疑问：为什么要花费大量的金钱和时间去建造对撞机、望远镜等大工程？为什么我们要学习那么难的数学。这些看似无用的东西到底能带给我们什么？

基础科学的特征

第一，有一定的规律性，反映了自然界的基本规律；

第二，不能直接应用到实际中，但是它是解决实际问题的基本原理，比如牛顿力学并不能教你怎么盖房子，这是土木工程需要解决的问题，但是牛顿力学是土木工程的基础；

第三，基础科学内部还有层次性，比如很多领域里虽然有独有的基础研究，但是都离不开数学，所以数学在基础研究里更为基础。

基础科学的重要性

很多人经常说"基础科学看起来离我们生活非常远，好像没什么实际用处"，这种想法有些急功近利。我们无法说出某个方程、某个定律有什么具体的用途，但是整个科学体系是自洽的，基础研究就像盖房子所需的一块块砖头，虽然你不知道某一块砖有什么用，但如果把这块砖抽掉，房子就会坍塌。

包括物理学在内的基础研究是为了让我们认识自然界，如果我们不了解自然，就没有办法发展和利用它。换句话说，基础研究是社会发展的最根本动力。当然，这些是不能即刻带来经济效益的。它带来的更多是短时间不能见效的东西，包括科研水平的提高，即创新能力的提高、人才的培养、对技术的推动和发展等。

中国古代虽有四大发明，也有勾股定理等发现，但我们只停在了"发现"阶段，并没有进一步发展出抽象的、纯粹的科学。而早在古希腊时期，西方就出现了几何学、逻辑学等科学，然后通过逻辑推理发展出一整套科学体系。

鸦片战争失败后，中国打开大门向西方学习，引进了大量西方技术，购买枪炮，但北洋舰队还是在甲午战争中失败了，正是由于对科学体系的不理解。

如果没有掌握科学规律，人们就不能举一反三，只能单纯就事论事，那么就永远摆脱不了落后的命运。当时我们只认为学习西方的技术才是有用的，而没有把西方的科学体系引进到中国来。相比之下，日本在明治维新时期不仅买枪、买炮，同时还引进了西方的科学，比中国早几十年建立起了完整的科学体系，以至于中国很多科学名词都是从日本传来的。

所以从根本上来说，科学应该是主干，技术是主干上发展出来的枝叶，没有科学只去做技术，最终可能什么也得不到。

中美科技竞争力差距到底有多大

美方相继主导了"中兴事件""实体名单""芯片事件"等事件，中美贸易战愈演愈烈。贸易战的本质是科技战，大国博弈的背后是科技竞争，科技创新实力也是决定中美贸易战输赢的关键因素。[①]

为此，华东师范大学全球创新与发展研究院于 2018 年 4 月开始着手中美科技竞争力的比较研究，并出版《中美科技竞争力评估报告（2019）》。从整体来看，中国科技竞争力近几年虽快速发展，与美国差距逐渐缩小，但依然较为明显。

该评估报告的主要结论汇总如下：

中国在诸多科技人力资源规模指标上已经超越美国，如全时当量研究人员数量、科学与工程学士学位授予数等，但在科技人力资源质量指标上，中国仍低于美国，且差距较为显著，这也是导致中国科技人力资源竞争力仍低于美国的主要原因。

中国科技财力资源竞争力上升趋势较快，在 R&D 经费投入规模上中国增长迅速，但在 R&D 经费投入强度、政府 R&D 经费投入规模与占比、基础研究和应用研究 R&D 经费投入规模与占比、R&D 经费高校执行规模和执行占比等方面与美国的差距还很

---

① 《中美科技竞争力差距有多大》，http://www.sohu.com/a/323819069_466843.

显著。

中国科研论文产出规模快速上升，但涉及科研论文产出质量等综合科学研究竞争力指数相较于美国，差距仍较显著。

中国发明专利产出快速上升，但在衡量有效专利拥有量等综合技术创新竞争力指标方面与美国仍有较大差距。

中国科技国际化竞争力增长缓慢，在国际科技合作方面与美国差距显著，且近年来有扩大趋势。

中国装备制造业整体技术创新能力，以及机械设备、医疗设备、运输设备和电气设备四个子产业技术创新能力快速上升，但与美国的差距持续存在。

中国信息通讯产业整体技术创新能力快速追赶美国，尤其在通讯设备子产业上已实现反超，但在计算机、半导体和仪器测量等子产业技术创新能力上与美国的差距依旧比较明显。

中国在全球生产网络中占据核心地位，已连续多年成为全球高技术产品出口额最高的国家，但在以知识和技术贸易为代表的全球创新网络中的地位与美国差距较为显著，尤其是在技术出口方面。

而 2019 年 6 月，信索咨询在对 AI 产业链以及应用市场和垂直行业领域商业化进程调研之后，得出结论，即中国的人工智能尚处在发展初期，但基础研究、芯片、人才方面的多项指标的发展已快速提升。[1]

---

①《中国 AI 产业链基础研究》，http://www.cinsos.com/html/2019062478.html.

表6—1 中美 AI 指标对比

关键环节	衡量指标	中国	美国
硬件	半导体占国际市场占有率	占全球4%	占全球50%
	FPGA 芯片制造商融资（2018 年）	34.4 百万美元（占全球7.6%）	192.5 百万美元（占全球5.5%）
数据	手机用户数量（2018 年）	14 亿（占全球20%）	4.2 亿（占全球5.5%）
研究能力及模式	人工智能专家数量（2018 年）	4 万人（占全球13%）	8 万人（占全球26%）
	AAAI 大会演讲数量占比（2015 年）	占全球20%	全球48%
商业化	人工智能公司数量占比（2018 年）	占全球23%	占全球42%
	人工智能公司所获得投资（2012—2016 年）	26 亿美元（占全球6.6%）	172 亿美元（占全球43.4%）

第三节 / **基础理论研究是人工智能持续发展的保证**

基础理论研究对人工智能持续发展极为重要

目前，人工智能的理论阐述还远远不够，在推进人工智能应用落地、算法平台、核心芯片等研究时，面临一批基础性、前瞻性、源头性的问题。而基础研究正是我国人工智能发展中最薄弱的环节，我们如果想要达到世界前沿水平，很大一部分将取决于基础研究和核心技术的研发。[①] 因此，人工智能前沿基础理论是人工智能技术突破、行业革新、产业化推进的基石。要想取得最终的话语权，我国必须在人工智能基础理论和前沿技术方面取得重大突破。[②]

人工智能可分为专用人工智能和通用人工智能，目前的进展主要是专用人工智能取得的，例如 AlphaGo 战胜人类围棋世界冠军、AI 人脸识别超越人类一般水平等，但对于通用人工智能系统的研究与应用仍然任重道远。真正意义上完备的人工智能系统应是一个通用智能系统，能像人脑一样举一反三、融会贯通。但是目前的人工智能系统有智商没情商、会计算不会"算计"、有专才无通才，人

---

①《专家呼吁加强人工智能理论阐述和基础研究》，http://www.xinhuanet.com/politics/2019-06/26/c_1124673130.htm.

②《让人工智能更智慧：加强基础理论研究、突破关键核心技术、建设人才体系》，http://dy.163.com/v2/article/detail/E24948QB0511DV4H.html.

工智能总体发展水平仍处于起步阶段。

人工智能前沿基础理论的探索空间非常巨大，以当前最火爆的深度学习方法为例，它既非完美无缺，更不是人工智能基础理论研究的全部。深度学习方法具有局限性，比如深度学习能识别人脸，但做不到通过一个人的讲话预测与另一个人之间的情感关系，因为它缺乏这方面的知识输入。而一旦数据标注的不准、数据集有偏见甚至"对抗"输入假数据，深度学习就可能出错。明明是一只熊猫，只需改动几百个像素，深度学习就有可能将其识别为海豹。

从数据驱动的专用人工智能向通用人工智能迈进，尚有神经科学、认知科学乃至新数学模型等交叉的未知领域需要跨越，路途依然遥远。因此，政策应该鼓励科研人员瞄准人工智能学科前沿方向，开展引领性原创科学研究，通过人工智能与脑认知、神经科学、心理学等学科的交叉融合，重点聚焦人工智能领域的重大基础性科学问题，形成具有国际影响力的人工智能原创理论体系，为构建我国自主可控的人工智能技术创新生态提供领先跨越的理论支撑。

人工智能关键技术日趋成熟，开放平台建设稳步推进

人工智能在最近十年发展迅速，包括机器学习、自然语言处理、计算机视觉、智适应技术等领域都得到了长足的发展。[1]

计算机视觉技术：是计算机代替人眼对目标进行识别、跟踪和测量的机器视觉，其应用场景广泛，在智能家居、语音视觉交

---

[1]《全球人工智能发展白皮书》，http://www.cbdio.com/BigData/ 2019–09/23/content_6151606.htm.

互、增强现实技术、虚拟现实技术、电商搜图购物、标签分类检索、美颜特效、智能安防、直播监管、视频平台营销、三维分析等方面都取得长足的进步。在该领域科技巨头和独角兽聚集，代表性的企业和科研机构包括百度、腾讯、商汤科技、旷视科技、海康威视、清华大学、中科院等。百度开发了人脸检测深度学习算法 PyramidBox；海康威视团队提出了以预测人体中轴线来代替预测人体标注框的方式，来解决弱小目标在行人检测中的问题。腾讯优图和香港中文大学团队在 CVPR2018 提出了 PANet，在 Mask R-CNN 的基础上进一步聚合底层和高层特征，对于 ROI Align 在多个特征层次上采样候选区域对应的特征网格，通过智适应特征池化做融合操作便于后续预测。此外，云从科技、深兰科技、七牛在内的计算机视觉的创新企业在该方面也都拥有领先技术。

语音识别技术：通过信号处理和识别技术让机器自动识别和理解人类的语言，并转换成文本和命令，其应用场景涉及智能电视、智能车载、电话呼叫中心、语音助手、智能移动终端、智能家电等。在语音识别技术方面，百度、科大讯飞、搜狗等主流平台识别准确率均在 97% 以上。与此同时，包括云知声在内的新兴创业企业在语音识别行业也占有一席之地。科大讯飞拥有深度全序列卷积神经网络语音识别框架，输入法的识别准确率达到了 98%。搜狗语音识别支持最快 400 字 / 秒的听写。阿里巴巴人工智能实验室通过语音识别技术开发了声纹购物功能的人工智能产品。

自主无人系统技术：由于 AI 和机器学习的不断进步，无人车、无人机以及医疗机器人的技术都得到了显著的发展，其根本原因归功于自主无人系统算法的支撑。深度学习已经证明具有出色的能够处理复杂任务的能力。现代计算设备，比如图形处理单元（GPUs）和计算框架如 Caffe，Theano 和 Tensor Flow 有助于设计者和工程师建立具有创新性的无人自主系统。阿里巴巴人工智能实验室开发单车智能系统，实现了全场景、全天候的厘米级定位。百度的无人驾驶技术包含障碍物感知、决策规划、云端仿真、高精地图服分、端到端的深度学习（End-to-End）等五大核心能力。地平线推出了针对自动驾驶的深度学习处理器 IP 及其重点面向自动驾驶领域的平台。在产业应用方面，西井科技已经在无人货运方面进行了多年探索。

人工智能智适应学习技术：作为教育领域最具突破的技术，其模拟了老师对学生一对一教学的过程，赋予了学习系统个性化教学的能力。和传统千人一面的教学方式相比，智适应学习系统带给了学生个性化学习体验，提升了学生学习投入度、提高了学生学习效率。智适应学习技术在美国和欧洲使用时间超过十年，各年龄段都有大量用户使用，累积用户超过一亿。产品和技术方面都打磨得比较完善。相对来说，智适应学习技术在国内积累的数据量稍有落后，处在初步发展阶段。优势在于，中国人口基数大、发展速度快，未来有望后来者居上。在国内，以松鼠 AI 为代表的智适应教学企业在遗传算法、神经网络技术、机器学习、图论、概率图模型、逻辑斯蒂回归模型、知识空间理论、信息论、贝叶斯理论、知识追踪理论、教育数据挖掘、学习分析技术等都实现了技术积累。

随着人工智能技术的商用加快，包括科技巨头和新兴人工智能创业公司形成了自己的技术优势。为更大程度地利用技术优势扩大自身的商业优势，以及扶持人工智能行业的发展，技术领先的人工智能企业开始构建各自的人工智能开放平台。

人工智能平台是提供构建人工智能应用的工具。这些工具结合了智能、决策类算法和数据，使开发者可通过平台创建自己的商业解决方案。一些人工智能平台提供预设的算法和简易的框架，人工智能平台具备"平台即服务"（PaaS）的功能，可提供基础的应用开发；一些则需要开发者自行开发和编程。这些算法可以功能性的支持图片识别、自然语言处理、语音识别、推荐系统和预测分析等一系列的机器学习的相关技术。

人工智能开放平台的搭建旨在打造从源头技术创新到产业技术创新的人工智能产业链。开放的平台连接产业链的两端，一方面它可以连接开发者和一些研究机构，另一方面可以连接许多下游企业，比如一个以图像识别为主的人工智能开放平台，可以将相关技术能力开放给希望在图像识别领域开辟业务的创业团队。

表6—2　国内外技术及应用开放平台汇总

开放平台涉及领域	中国	国外
自动驾驶	百度自动驾驶	英伟达 DRIVE Platform、Waymo
智慧城市	阿里巴巴城市大脑	IBM Watson、微软 Citynex
智能医疗	腾讯医疗影像	IBM Watson
智能语音	科大讯飞智能语音	微 软 Azure Cognitive、Google Cloud ML Service、IBM Watson
智能视觉	商汤智能视觉	Amazon Rekognition、Google Cloud Services、IBM Visual Recognition
智慧教育	松鼠 AI 智适应教育	IBM Watson、Knewton、Coursera
智能零售	京东 AI	Google Cloud for Retail

通用人工智能的研究方向及阶段性成果

通用人工智能能够进行思考、计划、解决问题、抽象思维、理解复杂理念、快速学习和从经验中学习。目前有一种认为是，如果能够模拟出人脑，并把其中的神经元、神经突触等全部同规模地仿制出来，那么通用人工智能就会自然产生。

当前我们正处于专用人工智能阶段，它们的产生减轻了人类智力劳动，类似于高级仿生学。它们的能力仅在某些方面超过了人类。数据和算力在专用人工智能时代不言而喻，其推动了人工智能的商业化发展。与此同时，以谷歌和 IBM 为代表的科技巨头在量子计算上的研究也为人类进入通用人工智能时代提供了强大助力。

表 6—3 通用人工智能代表公司及研究概况

代表公司	研究方向	阶段性成果
IBM	认知计算、泛人机对话	IBM Debater、Watson
谷歌	系统神经学方法、泛人机对话、进化神经网络	Google Assistant、PathNet、AutoML 项目
微软	泛人机对话	Cortana
OpenAI	深度强化学习、进化神经网络	写作 AI、Spinning Up 项目

目前，许多来自大型科技公司和各类小公司的研究团队正在为构建通用人工智能做出贡献，如谷歌 DeepMind 和谷歌研究都采取了具体的措施来实现通用人工智能，如 PathNet（训练大型通用神经网络的方案）和 evolutionary architecture search AutoML（图像分类寻找良好神经网络结构的方法）。此外，包括特斯拉创始人埃隆·马斯克、亚马逊 Web Services 部分支柱的 OpenAI 也在以通用人工智能为目标

进行大量研究，OpenAI 还创建了两个特殊的任务"体育馆"和"宇宙"，以测试正在开发的通用人工智能的技能。

人工智能技术发展的未来趋势

信息技术的发展可分为三个阶段，分别是数字化、网络化、智能化阶段。目前，数字化阶段的红利已基本消化完，全球个人电脑（PC）销量呈下降趋势；网络化还在发展，尤其是基于移动互联网的创新应用在向更多领域渗透；智能化则刚刚起步，这个阶段以人工智能技术为代表，并综合集成了前两个阶段的信息技术成果，如高性能计算、互联网、大数据、物联网等。①

人工智能和大数据息息相关，是当前阶段人工智能发展的主要特征之一，就是以大数据为驱动。与 20 世纪 90 年代的机器学习相比，如今的人工智能在理论上的突破性贡献并不大，但经历了数字化、网络化阶段发展，我们拥有了更快的网络、更强的算力和海量数据，机器学习的产业应用前景变得十分广阔。

"深度学习 + 大数据"虽然是目前人工智能的主流计算形态，但应该不会是终极形态。美国国防部高级研究计划局（DARPA）认为，人工智能发展将经历三个波次，当前处于第二波次。第一波次是基于规则的时代，那时的人工智能系统通常基于明确的逻辑规则；第二波次中，人们不再直接将规则和知识输入人工智能系统，而是通过开发特定类型的机器学习模型，基于海量数据形成智能获取能力；

---

① 《新一代人工智能发展：基础研究突破是前提，人才队伍集聚是关键》，http://m.sohu.com/a/160627153_466843.

在尚未到来的第三波次中，人工智能系统本身能构建模型，以解释它们的工作原理，即自主发现形成决策过程的逻辑规则。

第三波次的人工智能将具备较强的"认知智能"。以自然语言对话为例，"微软小冰"等机器人其实是不理解人类语言的，它们之所以能回答各种问题，完全是统计意义上的"鹦鹉学舌"。但只有具备认知智能的机器人，才能实现"语义理解"。

为了能够引领未来人工智能的发展，我国应高度重视前沿理论研究，支持引导更多的科学家投身这方面研究。要借助脑认知科学、量子科学等领域的发展，研究透明性、可解释性、通用性更强的新一代机器学习模型，研发具有迁移能力、自主学习能力和强泛化能力的人工智能技术，在新一代智能计算范式方面形成理论储备。

结　语

目前中国在数据以及应用层拥有较大的优势，然而制约中国人工智能行业健康发展的最大短板就是基础研究和高素质通用型人才薄弱，尤其是通用芯片与机器学习等领域仍与全球领先地区有一定的差距。发展人工智能首要任务就是要加大基础研究，掌握关键核心技术，增强原创能力和应用落地能力。

加强基础研究是提高我国原始性创新能力、积累智力资本的重要途径，是跻身世界科技强国的必要条件，是建设创新型国家的根本动力和源泉。完善学科布局，培育和支持新兴交叉学科，在若干科学前沿领域实现重点突破，解决一批国家经济社会发展中的关键科学问题；建设一支高水平的基础研究队伍，为建设创新型国家和跻身世界科学强国奠定坚实的基础。

改革开放已走过 40 年，国家具备基础实力、社会企业到达一定规模，外部知识产权保护要求也日益突出和苛刻，中国在基础科学研究方面已经到了既充分也必要的时候，国家和社会都要重视起来，否则我们可能始终都不能成为真正的科技强国，更不用说要成为世界领导和引领型的国家。

当然，我们也必须清醒地认识到，基础科学领域的突破非一日之功。正如任正非所说，"基础领域的突破不是一天、两天的功夫，是数十年的默默无闻，辛苦地耕耘。"前沿的创新工作往往需要团队积累很长时间，在绕了很多弯路之后才会找到正确的方向，取得细微的进步。行百里者半九十，科研工作绝不是轻轻松松、敲锣打鼓就能实现的，需要科研工作者拥有坚定的信念与顽强的斗志，不忘初心，方得始终。

第七章 >>
人工智能赋能行业解决方案及应用落地案例

　　人工智能讲故事的时代已经过去了，接下来就是践行和应用，要把前面的故事和后面具体的产品结合起来，实现商用落地。

　　——中央政治局委员、上海市委书记李强视察人工智能独角兽深兰科技时的讲话

　　对于人工智能与产业融合来说，最重要的三件事：第一是产品落地；第二是产品落地；第三还是产品落地。人工智能先进技术如何服务实体产业，既要注重基础研究的创新突破，更应做好助推人工智能应用场景的落地，在人工智能技术与传统行业生态之间搭建一座四通八达的高速桥梁。

　　人工智能浪潮没有退却，但不等于所有人工智能公司都可以在市场中得到生存和发展，人工智能新创公司如果不能找到适合自己的定位，将会被市场淘汰。媒体的喧嚣和炒作退却，真实能用的技术和看得见、摸得着的好产品逐渐涌现与应用，才是行业健康与可持续发展的正道。

AI+ 城市管理

城市是人工智能应用场景最终落地的综合载体，随着 AI 等前沿技术的融入，城市基础设施得到了创新升级，将全方位助力城市向智慧化方向发展。

近些年，各地政府为贯彻落实《国务院关于加快推进"互联网 + 政务服务"工作的指导意见》，纷纷深化"放管服"改革，充分利用基于新一代人工智能技术，通过集聚政府资源，建设统一开放共享的政务服务平台，将涉及政府对公民、法人、社会团体提供服务的政务事项进行整合重构，对政府传统的管理理念、职能结构和运行方法进行整合重构，进一步优化调整政府内部的组织架构、运作程序和管理服务手段，提升政府的综合管理效率和服务水平，建立政务服务的新发展观。

应用人工智能、大数据、物联网等新技术，智慧政务使各省市内形成整体联动、部门协同、数据互通、一网办理、高效便捷的体系，实现"凡是能通过网络共享复用的材料，不得要求企业和群众重复提交；凡是能通过网络核验的信息，不得要求其他单位重复提供；凡是能实现网上办理的事项，不得要求必须到现场办理"[①] 目标，大幅提升政务服务智慧化水平，让政府服务更聪明，让企业和群众办事更方便、更快捷、更高效。

---

① 《国务院发话：网上能办的事，不得要求现场办理》，http://www.sohu.com/a/113346138-437541.

时代在发展，社会在进步，但一些影响城市容貌和环境卫生的行为，例如乱设摊、乱堆放、乱停放、乱占道、乱搭建及超门线经营等顽疾，却依然困扰着诸多城市管理部门。针对这些乱象，许多城管部门建立了网格化管理制度和平台，极大改善了管理效能，但随着城市管理精细化要求越来越高，执法取证难、人手不足、夜间执法难度大、执法效率难以提升等问题仍然突出。

图 7—1　智慧城市总体架构

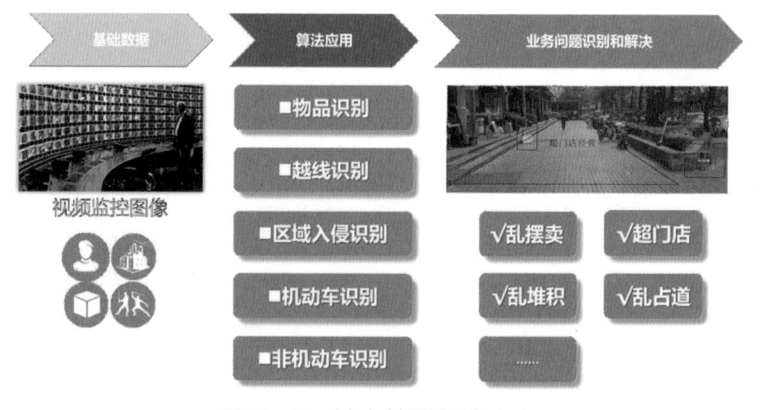

图 7—2　城市管理解决方案

而运用人工智能视频分析技术，对重点区域和对应的主要城管违法行为，分别进行全天 24 小时城管违法行为的智能识别、智能预警、智能任务派发、执法案件快速处理,可以达成主动防控、及时处理、非接触性执法的目标[①],实现人工智能对智能城市管理的真正赋能。

以越线识别的智能处理为例,越线抓拍识别单元接收到越线检测单元信号发送的指令,立即进行连拍,系统对危险区域越线行为抓拍一张(特写)或两张(全景和特写)数字图片。每条违规数据中包括人员特写、全景等图像和动态图像的自动识别结果、警戒线越过时间等相关数据内容,违规图像上还叠加了违法时间、地点及违规现场的现场全景等信息。通过对比处理,利用其中最清楚及最能作为越线数据的图片进行识别,最后输出该越线行为的违规信息。[②]

图7—3 越线识别的智能处理

案例一:上海浦东金桥

按照上海市推广城市网格化管理新模式的统一部署和安排,在上海市建设交通委的统一指挥下,浦东新区作为上海城市网格化管

---

① 《让人工智能为城市运行提速,灵至金桥试点项目获社会广泛赞誉》,https://www.ithome.com/0/452/459.htm.

② 《领域智能交通越线监控系统》,http://www.leawin.com/index.php?m=content&c=index&a=show&catid=53&id=26.

理推广城区[①]，根据新区实际，与深兰科技达成战略合作，推进网格化管理建设，建设多个城市网格化管理平台并投入使用。

其中，浦东新金桥镇先行先试，城市运行综合管理中心部署多摄像头管理街道，通过智能视频分析，城管人员只需在商贩违章经营触发警报时前往事发地，由此不仅可以大幅减少城管人员的数量，而且降低了城管人员在未发生违章情况下的无效巡逻，同时也可提升市民满意度，降低警民冲突事件的发生。以往因取证困难而逃避处罚的小微违法行为，例如小区门口的占道经营等问题，智能摄像头发现迹象后，会向小区物业发消息，由物业人员先行前去处理，减少出警次数。

同时，结合人工智能及高清摄像头，可以协助提升城市繁华地段停车管理的效率，市民可通过下载手机应用 App 查询附近或目的地停车场的空位情况，以及交纳罚款滞纳金等。

图 7—4　金桥某十字路口的智能视频分析

①《上海市浦东新区网格化城市管理信息系统》，https://wenku.baidu.com/view/bd72f1d176a20029bd642df2.html.

图 7—5　金桥某人行道的智能视频分析

图 7—6　金桥的城市运行综合管理中心后台

图 7—7 违章经营与停车的智能识别与分析

案例二：贵阳市委群众工作委员会智能服务体系

贵阳市委群众工作委员会建设"社会和云"大数据平台，携手小 i 客服机器人，打造智慧的城市大脑。用人工智能技术加快社会治理块数据应用与创新，为百姓提供机器人助手，让城市治理更简单。①

"社会和云"项目规划的主要功能包括一图一库四应用。一图指的是要将贵阳的三维地理信息作为项目的重要支撑，以便真正实现精细到楼层、到户的社会服务和管理。一库是指要建立针对社会面的人、地、事、物、情、组织等多维度相互关联的块数据库，基于这个块数据库，可实现社会资源的供需平衡和精准服务，为政府提供更加真实可靠的决策支持数据。四个应用则分别是网格化管理、

---

① 《小 i 机器人：AI 赋能产业升级之——智慧城市篇》，http://cc.ctiforum.com/jishu/hujiao/hujiao_news/547920.html.

社会动员、社区服务和数读贵阳。[1]

网格化管理方面，从基层的网格管理员到各级政府机构将形成真正的联动机制，实现案件的统一受理、统一转派、统一处置。计算机经过对人的身份、行为、思维等数据进行关联分析，以自动化、可视化的方式展现处理全过程，从而实现自动循环、自动检索、自动预警，进而不断规范社会行为。

以智能自流程引擎为例，其主要针对市民、网格员、电话座席员等报案的录入信息进行整合与智能校对。基于报案描述、智能摘取关键字信息，进行语义匹配，并对报案的事件类型及所属部门（11 大类、700 多个小类和近 1000 个子类）进行判断，给出判断的结果，供工单系统显示给座席员，座席员确认后流转到负责处理的部门。同时，对于不准确的任务下发，处理部门会"打回"至工单系统进行重新校对分配，自流程进行自学习并修正。最终达到减轻座席人员工作量，提高工作质量及分派准确率，建立完善的城市工单分派模型目的。系统上线后，贵阳市群工委指挥中心的接单能力从原来人工接单近 2000 件 / 天达到 3000 件 / 天，派单准确率则由 60% 上升到 90%。[2]

此外，小 i 机器人还协助建设了相关完善的知识库，通过多渠道，为市民提供了友好的随时随地的咨询类服务，市民获得感和体验感大大增强。即时回复率和准确率不断提高，达到 95% 以上。[3]

---

[1]《"社会和云"劲飘贵阳》，https://www.sohu.com/a/77128028_120702.

[2]《小 i 机器人参加 OFweek 2017 "维科杯"人工智能行业年度评选》，https://www.ofweek.com/ai/2017-10/ART-201700-9000-30170070.html.

[3]《2018·年度奖项评选——机器之心》，https://www.jiqizhixin.com/awards.

图 7—8　城市智慧大脑架构

案例三：贵阳 12315 工商智能调解系统

12315 消费者投诉举报专线电话和全国互联网平台利用贵阳大数据产业优势和小 i 机器人的人工智能关键技术，全国首创通过智能机器人来完成咨询和主持调解工作，智能机器人提供 7×24 小时咨询服务，其知识库包含 335 个标准问题及 55 个标准答案，分流了大部分的基础咨询工作，成功化解了 12315 人工服务强度大、任务重等难题。①

通过全国首创的人工智能在线调解平台，智能调解机器人克服了时间和空间的限制，实现当事双方跨地域自助调解。调解双方可以自己选择使用电话调解或者在线调解。②

使用在线调解，调解双方通过网页、App 进入人工智能在线调

①《全国第一个智能"12315"服务平台将于 2018 年年底正式上线》，http://finance.ifeng.com/a/20180315/16029792_0.shtml.

②《小 i 机器人应用前沿科技助力打造"云上贵州、中国数谷"》，http://m.sohu.com/a/132326070_610793.

解平台，智能机器人就是调解员。机器人做调解员，可以不受情绪干扰。在调解过程中，当事双方可发送语音、文字、图片、视频等信息，具有情感分析能力的智能机器人一旦监测到某一方情绪激动，便会自动调控现场气氛，还能准确识别出敏感词做出警示。在调解双方需要法律咨询时，智能机器人可以实时予以解答。与电话调解一样，智能机器人也会记录下调解全过程，相关数据直接与个人、单位的征信体系挂钩，除用于回溯案情外，大量的案例数据将通过智能分析用于指导今后的工作，让案件调解审理的公正、专业、高效。

对于少数自助调解不成功的案件，系统会转人工调解。在人工调解员介入后，智能机器人将作为调解员的"最强外脑"，在海量数据库中匹配出同类判例和适用法规供调解员参考，提升调解的准确率和公平性。[1]

投入使用后，在热线拨打总量同比增加 1 万多个的情况下，拨打接通率提升了 20%，有效缓解了群众打不通 12315 热线的情况，进一步提高了办事效率，提升了消费者的满意度。截至目前，已有省、市级共 95 家企业进入平台处置案件，通过"12315 消费纠纷人工智能自助调解平台"处置案件总数近 800 个，占 12315 平台处置投诉案件的 17.58%，办结时间平均为 5.5 日，较法律规定的办结时间 60 日时限大幅缩短，案件处置突破了时间、空间的限制，使处置流程

---

[1]《消费者投诉 机器人来当"调解员"》，http://www.robot-china.com/zhuanti/show-4001.html.

更加简化便利。①②

图 7—9　贵阳市政务服务大厅内的服务机器人

---

①《大数据＋"人工智能"正在渗透并将改变我们的生活》，http://m.sohu.com/a/
232895059_100154324.

②《大数据＋人工智能 只需 5 天半就能处置消费纠纷》，http://www.sohu.com/a/
232836453_610793.

AI+ 交通

2014 年 8 月，《关于促进智慧城市健康发展的指导意见》印发，将智慧交通作为今后十大智慧项目工程建设之一，同时还专门成立了全国智慧交通系统协调指导小组办公室，组织研究中国智能运输系统的发展。与此同时，大数据、云计算和移动互联等相关技术的高速发展，也为智慧交通的发展提供了相对扎实的技术背景。交通行业动态实时数据的千载用途，可利用人工智能技术得以充分挖掘。[①]

当前，人口密度提高，城市交通压力日渐增大，各地区交通发展不平衡，导致一线城市以及多数二线城市对智慧交通的需求比较高。城市公交智能化可以有效提高城市交通运行效率，用新技术来满足用户需求，且智慧交通是智能城市重要组成部分，有利于形成产业链，商业利益巨大。

伴随国务院《新一代人工智能发展规划》，搭建复杂场景下的多维交通信息综合大数据应用平台，实现智能化交通疏导和综合运行协调指挥，覆盖地面、轨道、低空和海上的智能交通监控、管理和服务系统将会慢慢变成现实。以在智能交通领域最具潜力的应用

---

① 《2019 中国智慧交通行业发展现状与趋势预测》，https://www.iimedia.cn/c1020/64537.html.

方式之一——自动驾驶为例，依靠人工智能、多传感器融合、高精度定位系统等协同合作，交通将变得更快速、更智能、更安全、更便捷，也将改变人类出行方式，改善交通状况，提升交通体验。①②

图 7—10　宣城交通大脑日常版面

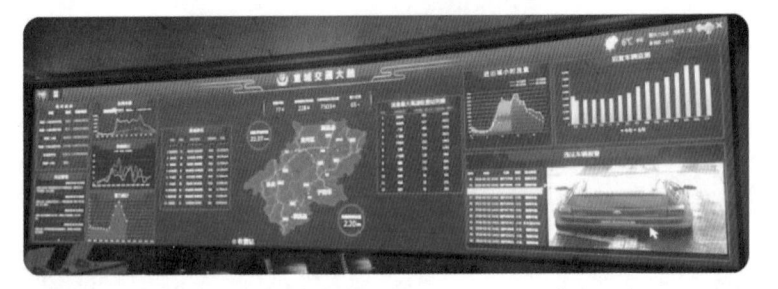

图 7—11　宣城交通大脑节假日版面（春运）

图 7—12　人工智能视频识别系统

①《政策利好　助推人工智能技术在交通领域的落地和应用》，http://www.sohu.com/a/338393272_99947626.

②《2018 人工智能大会——艺术与科技的碰撞》，http://m.sohu.com/a/252936353_200286.

图 7—13　城市交通大脑可以实现对拥堵路段的预测

智能交通的应用包括能实现自动驾驶技术与异常行为分析的智能公交、停车行为智能识别与平台管理的智能停车一张网、辨识交通事故与违章的全时全域自动巡逻报警、交通运行态势分析与信号灯优化控制等领域。

案例一：常州市政府

常州市作为全国率先建设 BRT 公交的城市，对于智慧公交与绿色出行等发展方向非常支持。当地政府采购了多台深兰科技研制的熊猫智能公交客车，在常州科教城东西区之间投入运营，每天运营 40 余班，时速在 30 公里以内，单次线路总长度约 5 公里。

该自动驾驶客车，总长约 12 米，其无人驾驶技术等级为 L3~L4之间。客车搭载了自动驾驶、手脉识别、图像识别、无人零售、人车语音交互、乘客异常行为检测、防盗防偷系统、眼控精准广告、定源、逃票追索等技术与功能服务，可以给常州市民带来舒适感、科技感、服务感更强的出行体验。

图 7—14　熊猫智能公交客车在常州的运行情况

　　以手掌静脉识别技术为例，市民只要提前在 APP 上进行简单注册，以后出行就不需要再携带公交卡或投币。当走上该智能公交时，只需简单扫描手掌，绑定的微信或支付宝账户就会自动实现扣款。公交客车内标配的智能零售货柜，可以在早高峰卖早点，晚高峰卖晚餐。另外，车上不同类型的车载机器人，可以通过语音交互功能为乘客规划出行路线和换乘方案。

图 7—15　通过手掌静脉识别可实现上车付款及车上购物

在自动驾驶及传感器感知方面，智能公交预设 20 米范围内自动提前减速，会感知路面的情况障碍，提前减速甚至紧急刹车，车身周围 360 度都可以看到这个情况，左后视镜是 360 度全景，对长时间驾驶的司机来说可以解放双手，使工作更加高效。而疲劳识别和情绪识别，则特别适合长时间开车或开长途车的人，当驾驶过程中精力不集中、情绪有波动时，智能摄像头就能识别到，然后语音提醒司机，避免潜在事故发生。

案例二：上海地铁

上海地铁与商汤科技、阿里云合作，将语音购票、刷脸进站、智能客流分析等多项人工智能技术应用于市民日常出行中。[1]

以语音购票机为例，用户可以直接说出自己想去的目的地站名，也可以模糊说出自己想去的地点，语音系统识别后会自动推荐距离最近的地铁站。例如，购票时，乘客只需对售票机说出目的地，如"我要去东方明珠"，售票机会自动向乘客推荐线路和站点，用户确认目的地地铁站后可以用支付宝扫码付款，全程只需数秒钟时间。目前该语音购票机已于上海南站地铁站上线。[2]

除了买票难，忘带地铁卡也常常令乘客头疼。而"刷脸进站"可以让这一问题迎刃而解。目前正在测试应用的新型进站闸机上，新增了一块屏幕，用户经过屏幕时，几乎无须停留，屏幕就依托商汤科技

---

[1]《上海地铁与蚂蚁金服战略合作：语音购票、扫码刷脸进站》，https://baijiahao.baidu.com/s?id=1586227261802176959&wfr=spider&for=pc.

[2]《人工智能应用拓展新领域 上海地铁引入语音购票》，https://smart.huanqiu.com/article/9CaKrnK8aZ8.

公司的人脸识别技术，完成了人脸识别，开启闸机，供乘客通过。[①]

另外，在落地的智慧车站项目的智慧视觉建设工作中，阿里云提供大客流分析预警、委外人员管理、一键开关站智慧识别、六类免票人群的边门改造和站内员工的门禁考勤。以大客流分析预警为例，基于视频识别、数据分析机器学习和数据可视化技术，替代肉眼，观察车站的客流速度、密度、拥挤指数等，同时结合地铁列车运营信息、外部天气信息数据，对未来流量进行预测，帮助地铁工作人员进行客流疏导、应急调度、危险防范等，保障乘客安全。

图 7—16　地铁站内的语音购票机及刷脸过闸机

图 7—17　智能客流检测系统

①《语音购票、刷脸进站，阿里云联手支付宝打造未来地铁》，http://mini.eastday.com/mobile/171205184004934.html.

在上海地铁集团新建的 C3 指挥大楼中，公司将全面使用商汤科技提供的刷脸过闸机，重点区域陌生人告警和特殊办公区的刷脸门禁功能。

案例三：银川河东机场

银川河东机场在云从科技的帮助下实现智能化升级，将人工智能技术应用到安检、登机、智慧航显、动态布控等多个环节，提升用户体验感的同时，也加强了机场的风险防范能力，提高河东机场整体的安全性及运营效率。

机场规定员工在进入候机楼通过安检口时应该有工作人员监督，但实际情况往往由于工作人员繁忙而照顾不过来，员工刷卡直接进入候机大厅，存在安全隐患，如员工 A 冒用员工 B 的工牌进入候机楼。机场部署智能摄像头可以实现工作人员"人证合一"核验后再放行，冒用别人的工牌将会提示相关人员，并且会有相应流水记录，在原有的基础上增加双重保护。

另外，河东机场的智能安防系统主要部署在航站楼出入口、候机厅内部重点位置以及廊桥出入口。出入航站楼的人员均会被所有关联的相机进行人员抓拍，并将照片与后台黑名单库中照片进行比对，如有嫌疑人比对值超过设置阈值，将进行报警，报警方式可以是邮件、信息等多种方式，从而协助机场实现动态布控，提升机场安全等级的目的。同时，运用人脸识别技术收集到的旅客到港信息，为后期银川智慧机场建设提供大数据应用的数据基础，该数据库还可开放接口给公安部门使用，能够辅助查询进入银川市的人员情况，为实现全城布控系统提供数据信息。

在 VIP 识别方面，VIP 客户在进入贵宾厅时系统即自动识别其身份，并在服务终端上显示如航班信息等其相关内容，VIP 客户无须再通过登机牌或会员卡进行身份确认。通过航班信息，直接自动生成"叫醒服务"，将服务隐形化，提升客户体验。同时，客户在 VIP 室的相关信息将会被进行数据收集，储存于机场的大数据库中，为以后机场的大数据应用进行前期的数据收集工作。

此外，机场还部署了多功能智能航班显示系统，该系统是基于人脸识别系统的人性化设计理念开发而成，主动识别当前旅客身份，突出显示该旅客的航班信息及状态，并提供个性化信息提示及登机口导航，还能够为机场旅客提供气象报告、旅游导航、新闻报道等实时信息，有助于提升机场的运行服务质量。[①]

图 7—18　银川河东机场内的智能摄像头

———————————

① 《大力推进"智慧民航"建设　实现民航发展新跨越》，https://www.sohu.com/a/205573646_263678.

因此，通过智能系统的建设能够进一步提高机场事前预防能力，变被动为主动，将目前的有"录"无"防"提升为能"防"能"录"能"查"；而通过对机场内部来往旅客的信息及各航线客流量数据的收集，并通过结构化数据的提取存储，也为以后机场的大数据应用提供前期的数据收集。①

案例四：中国东方航空

中国东方航空与小 i 机器人合作，建立东航知识库，并在后台接入智能客服机器人，利用人机交互和语音语义识别等技术，使乘客在与机器人的对话中，在规范化的服务基础之上满足个性化需求，例如可获取登机通知、办理客票验证、航班动态查询、积分查询、预订餐食，还可通知家属准时接机。目前，东航已有 20 名资深客服人员转型为"AI训练师"、人机互动对话设计师和流程设计师，而占比约 90% 的简单业务问题例如查询等均已能交由人工智能客服机器人来帮忙回答。②

图 7—19　东航知识库

①《智慧出行——全面智能化的机场什么样》，https://www.sohu.com/a/192953259_323700.

②《民航与人工智能结合　实现民航从业者哪些梦想》，http://www.sdhx.org.cn/?p=740.

小 i 机器人协助东方航空实现了：（1）打造外部交互到企业服务闭环，从交互数据挖掘客户诉求，改进线上知识并同步到线下服务体系，提升整体服务质量；（2）打造前端应用到知识维护闭环，分析内外部应用情况，以完善的知识维护及反馈机制支撑知识维护体系生态运转；（3）打造知识服务应用到企业运营闭环，以知识管理及座席应用带动培训考试运营体系，有效提升内部运营服务效率。[①]

---

① 《小 i 智能知识库解决方案——基于互联网创新型、着眼未来、统一知识管理要求》，http://www.doc88.com/p-1476993200621.html.

AI+ 教育

随着教育改革和人工智能的普及，校园智能化建设也已从数字校园向智能校园迈进。校园管理者一直在寻求提高工作效率，方便师生、家长协同教育，而传统的校园系统建设已经不能适应现阶段学校教学，需要耗费大量人力、物力和时间成本，以人工智能终端为支撑的智能校园系统便应运而生。[①]

新一代人工智能发展下的数字化校园建设分为校园基础网络建设、校园物联网络建设、校园全面智能化升级建设；而在校园智能化升级的背景下却也面临着多个问题：

乱停乱放：校园内机动车、快递电动三轮车、电动车随处停放，专用停车位空闲，教师停车位被占，进出校园的机动车无限速与违章警告显示；

寝室出入自由、查寝费时费力：寝室门禁管理稀疏，闲杂人员出入随意，带来安全隐患；同时查寝费时费力，且容易冒名顶替；

服务人员缺少监督：学校服务人员缺少有效的考勤手段，代替现象时有发生；工作过程难以监督，多为纸质化确认，容易敷衍了事；

食堂环境缺乏监管：厨房重地门禁缺失，后厨卫生条件差，餐

[①]《深兰科技 AI 助力建青实验学校教育智能化》，https://bigdata.huanqiu.com/article/ 9CaKrnKlok5.

饮员工无健康证展示；电源、电线裸露，存在安全隐患；餐具与食物残渣回收效率低；店面广告牌悬挂危险；

重点办公区域门禁：目前多为刷卡开门，智能化程度低，开锁方式单一，且容易被破解，无法保障安全性；

无人考场：当出现考试时，对监考人员需求增多而供给不足，对舞弊行为查处效果差，考生身份确认耗时。

借助校园一手通服务生态，可以实现访客注册统计、考勤管理、会议预约签到与多级权限通行控制，助力全面建设智能化体验示范校园，打造人工智能教育高地。

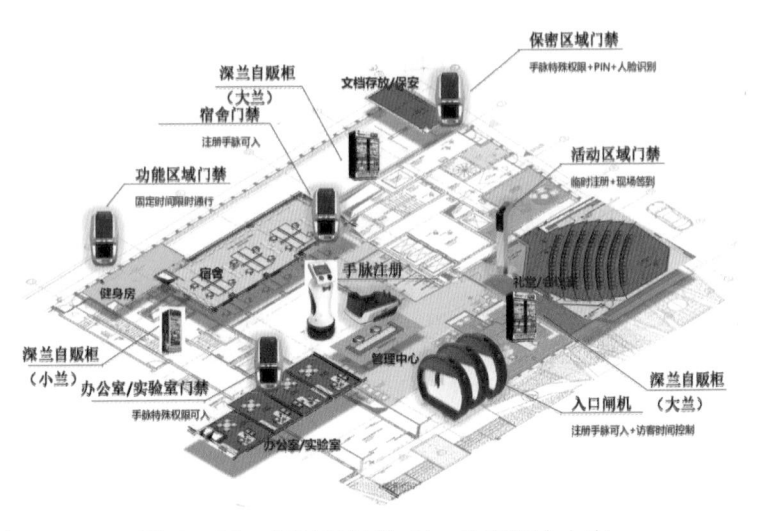

图 7—20　深兰科技的 AI+ 教育解决方案

以学校出入管理为例，通过生物特征识别确认进入学校，将生物特征信息与学生及教职员工的身份唯一绑定，安全性高，而外来人员进校需管理员授予权限，此举可增强学校管理的安全性，便于陌生人进出管理，在与监控摄像联动的同时，实现访客登记效率提升的目的。而在课堂内，可通过高清摄像头的智能视频分析，实现学生注意力是否集中以及教师责任心与课堂气氛的测评，从而提升教师教学及学生听课的兴趣。

图 7—21 校车及食堂内人员的智能化管理

学校实验室或厨房等有安全隐患地域安装视频监控设备，进行人员监控、操作监控，利用后台人工智能行为分析算法实时计算是否有违规操作和危险行为，并进行实时违规预警。同时，还可创建考场手脉人脸库，扫手扫脸双模态认证进入考场。考试过程中识别考场可疑行为，例如交头接耳、左顾右盼、翻书作弊等，系统识别后予以提醒。

图 7—22 智慧课堂行为管理系统与食堂智慧管理

案例一：上海建青实验学校

建青是上海最早的幼、小、中一体化实验学校，也是首批上海市素质教育实验学校，其在智能化教育方面也先行一步。

上海建青实验学校在上线了深兰科技定制的手脉采集仪及识别系统后，实现了学生学习统计管理、无人图书借阅、无人体育器材领取等教育智能化管理决策。

体育室：学生可以通过刷手打开柜子领取体育器材，相比传统的教学管理模式，数据化的管理行为为学生个性化教育和资源合理配置提供了可靠支持。

主题实验室：学生可以通过刷手脉签到，进入不同主题实验室学习，教师可以通过系统设备采集的数据，分析学生的兴趣爱好，进行个性化教学。

图书管理室：图书管理实现了无人化、智能化和高效化，可以解决学生丢失借书证的问题，减轻教师负担，同时对学生而言，这种"可触可感"的互动性人工智能学习接受度比较高，能提高教学效率和学生阅读兴趣，也能从小培养学生对人工智能的兴趣，对于我国人工智能教育有很大帮助。

图 7—23　校园"一手通"服务生态

通过手脉识别系统，原来很多分散的数据现在都可以互相打通，学校可以针对每一个孩子从幼儿园到高中的大数据行为来个性化教育，因此在教育智能化决策上有很大改善。

案例二：上海市西中学

上海市西中学采用商汤科技的人工智能教学解决方案，采用面向高中生的人工智能教材，开设人工智能课程，建立人工智能实验室。

走进实验室，门口的人脸签到系统，可快速准确地识别记录来访者的人脸、时间、位置等信息；而智能遥感应用，基于深度学习技术，系统自动提取遥感影像中的道路、飞机舰船、地物类型等信息，具备遥感数据自动化处理和分析能力，可以在地理课堂中大显身手。另外，拥有机械臂、摄像头和视觉控制模块的机器人，实现了手势的控制，与传统遥控器指挥的机器人相比，更像是多了智能大脑。除了已有教学器材的展示与使用，学生还可以自己搭建无人小车，在模拟道路上自动转弯、加速、避障，自动感应信号红灯停、绿灯行，从而增强课堂的趣味性与学生的动手参与能力。[①]

图 7—24　市西中学人工智能实验室

① 《人工智能课怎么上　看看这些学校的新做法》，http://mini.eastday.com/a/180920211915494.html.

此外，人工智能课程也在市西中学开课。作为拓展性选修课程，每周二下午人工智能课程面向高一、高二学生开设。图像识别技术课上，学生们坐在电脑前，与老师互动，再到电脑教学实验平台上自己操作实验，设计出项目，最后动手将项目转化为应用于实际生活中的作品。

目前市西中学已成为上海首批"人工智能教育实验基地学校"，帮助学生提前开始人工智能领域的探索学习之旅。[①]

案例三：杭州第十一中学

2018 年 5 月，杭州第十一中学联合海康威视，试行"智慧课堂行为管理系统"，通过教室内安装组合摄像头，捕捉学生在课堂上的表情和动作，经大数据分析计算出课堂上学生的专注度，从而促进教学改进。[②]

使用该系统，后台会预先录入课堂应到学生名单，现场摄像头通过对教室内学生"刷脸"匹配，从而完成考勤。此外，该系统会对学生阅读、书写、听讲、起立、举手和趴桌子 6 种行为，以及高兴、反感、难过、害怕、惊讶、愤怒和中性 7 种表情，以 30 秒一次进行扫描，从而实现时时统计，并对不同的行为赋予不同分值，通过系统可以看到哪些同学在专注听课，哪些同学在开小差，再结合他们高兴、伤心、愤怒、反感等面部表情，可以分析出学生在课堂上的

---

①《首部人工智能高中版教材出炉 解决师资及设施短缺》，http://www.sohu.com/a/232581216_99947626.

②《杭州一中学课堂引入人脸识别"黑科技"》，http://www.bjnews.com.cn/news/2018/05/18/487458.html.

学习状态。①②

同时，学校会设置一个最低赋分值，如果某学生课堂分低于该值则代表其不专注。在每堂课第 20 分钟的时候，系统会向设置在讲台上的显示屏推送提醒，内容只有老师可见。

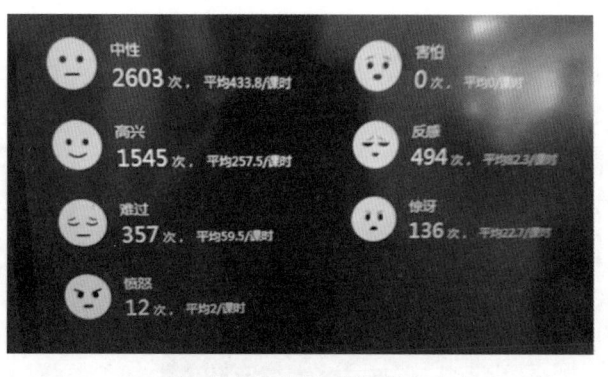

图 7—25　海康威视的智慧课堂行为管理系统

图 7—26　班级课堂专注度偏离分析与班级课堂行为记录数据

案例四：上海出版印刷高等专科学校

小 i 机器人的 AI+ 实体智能机器人解决方案旨在使机器人成为

----

①《"智慧课堂行为管理系统"提高上课效率》，http://www.sohu.com/a/232188256_198170.

②《杭州一所高中装摄像头　可捕捉分析学生表情》，http://news.jstv.com/a/20180516/ 1526469899349.shtml?from-groupmessage.

高校内的智能志愿者。科技公司以智能云平台为基础，整合教育领域的知识内容，在上海出版印刷高等专科学校的校园里为教师、学生提供生活信息的宣传等智能化的服务；在校园展会上为参展人员提供问题的咨询解答。

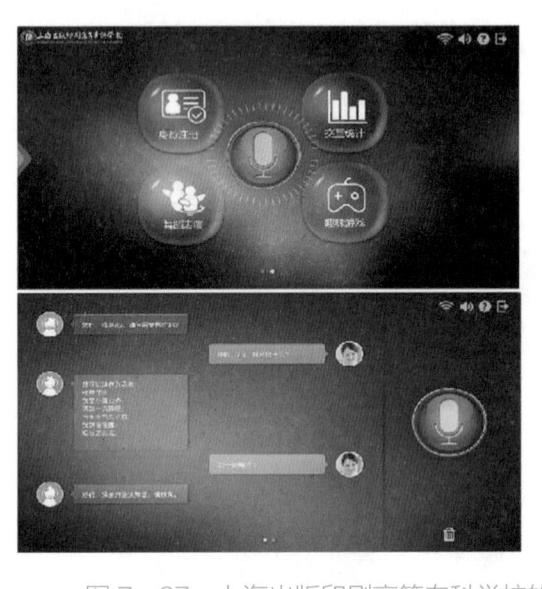
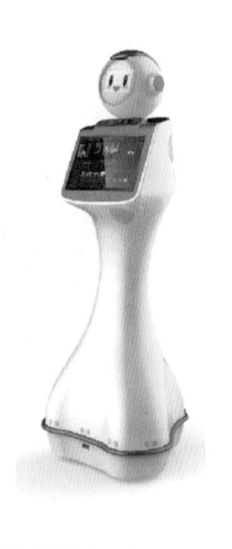

图 7—27　上海出版印刷高等专科学校的智能机器人

AI+ 零售

过去几年，线上电商蓬勃发展，去实体商店的人少了。很多人认为百货商场等传统零售已是夕阳行业：销售额下滑、盈利下降、人力性价比低，还要面对高昂的商铺租金，线下零售百货似乎已被逼至绝境。然而，传统零售包含了大量顾客数据、购物数据、商品受欢迎度数据、商场环境数据等，无疑是一个积累了海量数据的行业。而任何一个能产生大量数据的行业，人工智能均可渗透其中并将这些数据转化为价值和经济效益。人工智能可以通过赋能零售商，有效重构零售行业人、货、场等要素，通过对线上服务、线下体验及现代物流进行深度融合和相互引流的零售新模式，提升各环节效率，最终实现增强消费者购物体验，推动零售行业变革。[①]

当前零售业正面临着难以把握消费者日趋多元化的需求偏好，线下经营低效，对流量的商业开发不足；以及电商线上流量红利减弱，获客成本不断提升等痛点和瓶颈，而 AI+ 零售的新零售模式能有效融合线上线下，在为消费者提供高性价比商品的同时，改善购物体验。而随着人工智能的识别准确度和精度的不断提升，可以在 to B 端，帮助零售商经营者实现降本增效，例如 AI 客服替代传统

---

① 《阿里 + 银泰：用"人货场"重构百货商场的新零售基因》，http://news.yktworld.com/201810/201810120945564763.html.

客服，降低人力成本；to C 端，实现精准营销和个性化推荐等服务。[①]

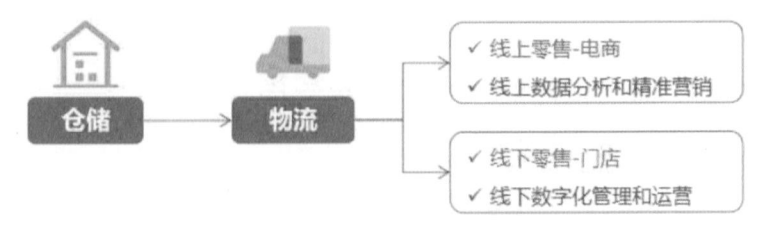

图 7—28　AI+ 零售解决方案

因此，线下智慧门店的解决方案，主要涉及两个层面：

数据化管理与实时优化：部署智能摄像头、智能货柜、互动娱乐设备等硬件，采集门店的实时客流状况、商品信息、顾客需求、经营状况等数据；通过大数据整合和分析，为门店运营优化提供决策支持，包括门店选址、物品摆放、商品种类筛选、补货频率等。

精准获客和营销：通过智能摄像头等设备识别到店客户的行为轨迹、浏览偏好、衣着、身份特点等信息，并综合线上或过往线下购买记录，发觉客户的兴趣点，为其提供个性化的产品推荐和优惠信息。

而人工智能赋能线上零售的主要智能化场景包括：

智能客服：利用语音识别、自然语音处理等技术实现在线客服与电话客服的智能化。

个性化推荐与精准营销：结合机器学习算法，充分分析用户在互联网上的活动路径和留存信息，从而提供个性化的产品建议。

经营数据分析：将线上零售商的各类经营数据加以整合，通过大数据分析，挖掘潜在行业动态与趋势，进而为企业经营决策提供支持。

---

①《AI+ 零售：人工智能撬动零售变革》，https://blog.csdn.net/cf2suds8x8f0v/article/details/84949058.

图 7—29 线下智慧门店

案例一：美天 AI 菜市场

深兰科技与九华商业集团联合打造全球首个人工智能智慧菜场，公司开发的 AI 自贩柜在上海长宁区美天虹梅路菜市场投入运营，作为一个微菜店，其 24 小时对外营业，及时解决周边虹梅路、虹桥路地区居民日常生活不便的民生问题。而且无论是加班到深夜，还是在吃夜宵的途中，都可以路过微菜场拿了就走。[①]

图 7—30 美天 AI 菜市场

菜市场内的人工智能体验区可分为自助购物区和 AI 菜市场。在自助购物区，居民们可以自行扫手购物，冰柜中可以保鲜，有各样

①《AI 赋能菜市场——零售界再现"新物种"》，https://www.qudong.com/2018/1105/529041.shtml.

新鲜的水果和多种饮料。在录入手脉信息完成注册之后,下次购物时,即使忘带手机也不用担心,只需输入手机后四位,依然可以扫手开门购物,体验拿了就走的 AI 自动结算功能。[①]

而 AI 菜市场是一个封闭的购物场景,当居民扫手进入之后,在这个开放的购物区域中可以自行选取任何想要购买的产品,在出口处有两台自助结算台,所有产品放在结算台上,就会有视觉的机器,判断蔬菜类型价格。不用拿出手机,在结算台上扫手即可完成结算。

除了可以扫手购物,利用人工智能技术也可以让采销运营商更为智能,系统可以智能预测、智能补货、智能下单、智能入仓、智能上架,让每个商品都能得到最高的效率最低的成本。[②]

图 7—31　美天 AI 菜市场内的人工智能体验区

①《全球首家人工智能菜场在沪开业　扫手支付　拿了就走》,http://www.shxwcb.com/ 202262.html.

②《深兰科技:AI 人工智能应用技术将成为未来零售业的超级大脑》,http://www.sohu.com/a/227666530_768130.

案例二：苏宁易购

商汤科技为苏宁易购提供完整的视觉解决方案，与苏宁易购联合探索无人消费场景。在苏宁南京新街口和杨浦五角场等云店内，消费者通过扫描二维码绑定人脸就可以刷脸进出店面，而人脸识别的时间也从之前的 10 秒缩短至 6 秒。同时，建立在人脸识别的基础上，"颜值测评"可以为用户的颜值打分，"精准推荐"可以给用户营销商品，结算时也可刷脸支付。[①]

在店内的中心区域，装有四块显示屏，其中一块是门店客流分析系统，实时展示客流情况，并在此基础上通过进店客流量、消费者行动轨迹绘制热力图。一方面，消费者可以通过直观的图像了解店内较为热门的区域；另一方面，苏宁易购也将结合店内各个应用的互动体验数据、门店订单、销售数据、会员数据等，从细节处摸索消费者的喜好，再进行针对性地销售，实现区域性、本地化消费者大数据洞察，辅助运营优化提升。[②]

图 7—32 苏宁门店客流分析系统

①《苏宁极物五角场店打造场景零售再升级　引领线下双十一消费热潮》，https://tech.china.com/article/20191104/kejiyuan0129399598.html.

②《亮相 CE China　苏宁智慧零售加速能力输出》，http://finance.eastday.com/eastday/finance1/Business/node3/u1ai389373.html.

当消费者拿起一款商品时，货架旁侧的大屏会显示商品的详细信息，还会出现可能感兴趣的其他商品。购买商品后也无须排队付款，直接通过付款闸道，系统会自动识别用户身份，实现快速付款。消费者拿起商品的次数、停留次数、视线停留时长，也会被默默记录在册，那些获得消费者独家记忆的商品，在摆放位置和库存数量上都会变得更加"善解人意"。①

图 7—33　苏宁智能货柜与商品 AR 秀

图 7—34　苏宁易购人脸识别系统

为解决当前货损率较高的问题，智能货柜可以实时监控库存状况，实现精准补货。通过人脸识别、重力感应、智能库存管理等新

---

①《智慧苏宁闪耀 CE China　网红黑科技成焦点》，http://gd.sina.com.cn/sztech/csj/2018–05–03/detailsz–ifzyqqiq3555062.shtml.

兴技术的运用，实现"用户刷脸—货柜自动开门—自助取货—重力感应自动结算"四步骤一气呵成，全程不超过 10 秒。

案例三：阿里巴巴

作为新零售的先驱和探索者，商汤科技与阿里巴巴一起深入零售行业的痛点需求，共同实现线下场景中顾客轨迹动线的精准还原，突破原有的技术局限，进一步为零售企业赋能。[①]

以银泰百货为例，首先通过智能摄像头从"人货场"中的"人"切入，完成了数字化会员累积，对这些客户可触达、可识别、可运营。此外，银泰百货还正逐渐进行货品的数字化，相比超市，百货的 SKU(库存量单位) 大很多，可达到亿级，而且每年还有两次换季，要将每个商品都数字化成本巨大。只有通过对货的洞察，进行人货的适合匹配，才能让整个经营效率获得提升，完成对整个商业场景的数字化重构。而在此背景下，品牌商、线上零售商和实体零售商将会合为一体，一起服务消费者。[②]

同时，线上零售商和实体零售商打通高墙，实现会员通、商品通、服务通。通过打通银泰和天猫、淘宝的会员体系，银泰柜台上的商品都能在银泰天猫旗舰店购买，并做到线上线下同款同价（除了一些新款更新有延时），银泰也会从天猫上遴选一些第三方优质家居和零食品牌的商品放到银泰柜台销售，供消费者直观体验。除此之外，

---

① 《智慧零售——客户案例》，https://www.sensetime.com/Case/index/id/5.html.

② 《银泰数字化会员突破 1000 万　未来五年线上再造一个银泰百货》，http://www.cinn.cn/gykj/201909/t20190926_219037.html.

在会员与支付宝的数据打通后，只要在银泰实体店内购物消费，消费者可以在绑定的淘宝账户上生成会员码，可以一键完成线上支付、线下预约和提货等流程。在传统零售里，消费是单向的，商户和消费者的交集很少，现在通过联动会员数字化，实现顾客互动和客户画像，更加了解每一个顾客的消费喜好和习惯，实现了更精准的客户营销和人货智能匹配。①

图7—35　银泰百货线上零售与实体零售生态打通

银泰百货内放置的智能屏幕可展示店内未能摆放的商品，降低商品陈列面积的需求，同时提高销售额。另外，以往逛商场，遇到喜欢的商品缺码缺货就只能失望而回，但现在只要把相中的商品放进天猫或淘宝的购物车，就可以直接购买，不受地域限制。据统计，银泰百货有70%的订单来自省外。

截至2018年末，银泰百货800多万会员，超过6成完成了数字化，商品数字化程度已达8成，同点销售增长两成以上。②

---

① 《布局全场景零售　智慧零售全面输出——苏宁的"开年大戏"将要如何唱》，http://www.sohu.com/a/294950733_100253869.

② 《数字经济驱动新零售变革　百货实体店改造待突破》，https://baijiahao.baidu.com/s?id=1612772348290880143&wfr=spider&for=pc.

图 7—36 银泰百货内的智能屏幕

案例四：好邻居

好邻居与旷视科技公司深度合作，共同深化物联网与人工智能技术在便利店场景中的应用，实现店铺的数字化升级，帮助商家实时掌握不同条件下店内客群的动线趋势、区域热力分布和商品消费偏好。在杭州、芜湖等地开设新零售智慧体验店中，当顾客步入店内，数字系统就能根据用户的行为做出一系列判断，多点部署的摄像头及传感器第一时间捕捉到消费者的人脸信息并进行会员身份识别与确认。这种用人工智能和物联技术实现的经营决策优化让传统零售运营变得数据化、可视化，从而大幅度提高运营效率，提升用户购买体验。①

此外，好邻居还通过自己的赋能体系，对旗下的便利店进行形象、供应链、系统等全方位改造、智能改造以及加入新的算法。使得门店通过流量、履约配送及系统赋能，形成了覆盖全城兼具履约天猫超市一小时达服务的店仓一体网络。再结合零售企业已有的 ERP/CRM 等数据，通过深度对融合后的数据进行建模，智能

---

① 《重构便利店消费场景　鲜生活携手旷视科技推出新零售 AI 解决方案》，https://stock.qq.com/a/20180525/025232.htm.

解决门店需要进什么货、什么时候进货、进多少货的选品问题，并可以帮助店铺构建用户群体的喜好画像，实现在不同场景的用户消费推荐。

智能化改造后，便利店日单量同比平均增加 130%，库存周转率提高 110%，周复购率提高 100%，服务半径由一公里增长至三公里，其来自天猫超市的订单数量占据首位。线上订单里，生鲜产品占比约在 60%~70%，客单价平均在 48 元左右，几乎是线下客单价的一倍。

图 7—37　好邻居便利店的智能化升级

案例五：小米有品

小米有品是小米旗下精品生活电商平台，也是小米新零售战略的重要一环。依托小米生态链体系，延续小米的爆品模式，致力于将小米式的极致性价比延伸到更广泛的家居生活领域。作为一个开放但品控严格的电商平台，除了小米、米家及生态链品牌，小米有品还引入大批优质的第三方品牌产品。[①]

小米有品通过云从科技的摄像头实时采集进店人脸信息，实现客流统计、会员识别、熟客识别、员工识别等功能，店长等管理人员可通过 App、PC 端实时查看统计数据，并导出进行分析。通过黑名单及特殊人员人像布控管理，App 实时告警推送，协助门店工作人员识别到店的可疑人员，做到特殊情况及时发现、及时处理。

图 7—38　小米有品智慧门店

在自助结账区，消费者扫描商品条形码即可刷脸支付，体验无人购物。[②]

该摄像头已在小米有品南京旗舰店、合肥旗舰店、上海旗舰店上线使用，提供更加精准、多维度的客群统计分析，提升门店运营能力。已为客户提前预防了多起盗窃事件的发生，抓获两名盗窃嫌疑人。并在新品发售期间，确认多名黄牛党人员，解决运营顽疾。

---

①《小米有品首家旗舰店开业　各品类集中亮相》，https://baijiahao.baidu.com/s?id=1632290281871175320&wfr=spider&for=pc.

②《小米有品在南京开第二家线下店　人气火爆》，https://3w.huanqiu.com/a/c36dc8/7Ohw1CpEv72?agt=11.

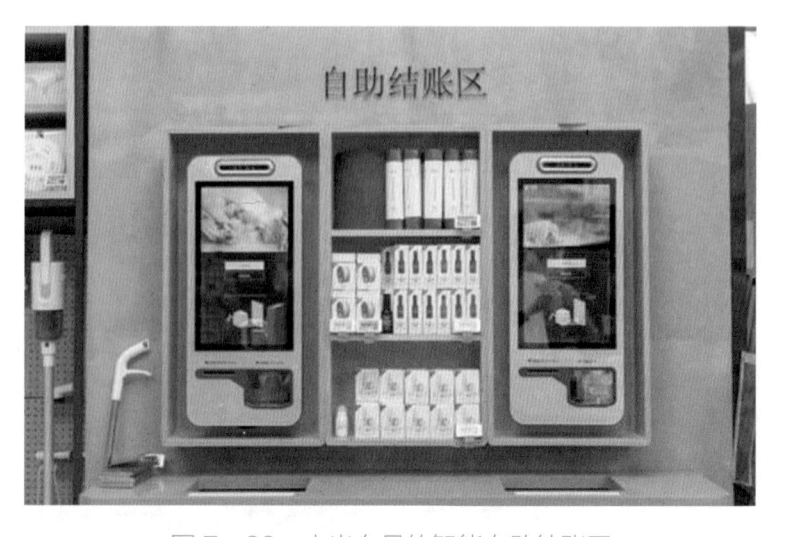

图 7—39 小米有品的智能自助结账区

案例六：一汽大众

2018 年一汽着手打造大众品牌数字化零售店 Volkswagen Space。Volkswagen Space 运用互联网思维和数字化技术，通过建立创新的现代化零售空间，改变传统 4S 店模式，给消费者带来全新的线上线下的购买体验，实现向数字化战略转型。[①]

Volkswagen Space 通过采用云从科技的摄像头实时采集进店人脸信息，实现客流统计、会员识别、员工识别等功能，会员到店数据同步至客户营销系统，并在营销终端进行显示。在顾客进店时，将抓拍人脸与衣着体态特征进行绑定，并通过店内的监控视频画面，实时跟踪顾客逛店轨迹，直至顾客离线后，计算得到顾客的驻店时

---

①《用户视觉与互联网思维的碰撞 一汽大众这家零售店有点潮》，https://baijiahao.baidu.com/s?id=16329734119129 52527&wfr=spider&for=pc.

长数据。[①]

在产品体验、购买方式上，Volkswagen Space 也做出了很多突破性的尝试。全车系体验区利用数字化投影技术，让消费者在有限空间内能直观地了解到全车系的每一款产品；在 AR 互动体验区，消费者可用平板电脑扫描店内展车，便捷地获取车型配置信息和性能数据；如果消费者有购车意向，电商体验区允许客户完成线上下单，极大程度上简化了购买流程。[②]

图 7—40　Volkswagen Space 智慧零售店

---

① 《云从科技——定义智慧生活　提升人类潜能客户案例》，https://www.cloudwalk.cn/site/client_cases.

② 《消费者思维驱动用户一汽大众 Volkswagen Space 落户重庆》，https://baijiahao.baidu.com/s?id=1633012621898358740&wfr=spider&for=pc.

AI+ 金融

金融是人工智能重要的应用场景，人工智能在金融行业的应用改变了金融服务行业的规则。传统金融机构与科技公司共同参与，构建起更大范围的高性能动态生态系统，参与者需要与外部各方广泛互动，获取各自所需要的资源，因此在金融科技生态系统中，金融机构与科技公司之间将形成一种深层次的信任与合作关系，提升金融公司的商业效能。

大量传统金融机构存在成本高企、如何触达客户、提高服务质量和效率以及如何有效、快速、低成本地控制风险等痛点。传统金融机构的扩张非常依赖线下网点的布局和人工服务，首先，这使得金融机构的服务能力受时间和空间限制，扩张能力不足；其次，需要承担更高的人力和运营成本，限制了金融机构经营效益的提升。另外，传统金融机构和客户主要通过在网点进行面对面的互动，显然不符合目前客户触网时间较长、访问金融网点频次快速下降的趋势；最后，金融机构内部会产生大量的实名制行为数据，加之来自合作伙伴和公开渠道的数据，传统的金融机构很难对这些海量、非结构化的数据进行有效利用。[1]

以人工智能为代表的新一代信息技术，有望凭借对信息数据的理

---

[1]《AI人工智能系列：金融行业》，https://www.wdzj.com/hjzs/ptsj/20180918/791147-1.html.

解和处理能力，大幅提高金融机构的服务效率和服务质量，从而不断拓展金融业务的广度和深度。信息革命以来，金融中的销售渠道、客户画像、产品支付、风险控制等各环节都享受到巨大的数字化红利，不管是客户的资产特征、需求状况、风险偏好，还是金融机构触达客户、销售产品的方式，都通过线上实时便捷的实现了数字化，以人工智能技术为代表的信息数据处理能力大大提高了对这些数据的利用效率，使得金融机构能够更充分挖掘数据的内涵，理解客户的特征，从而不断提高金融产品与客户需求的匹配程度，为用户创造更多的金融价值，提高经营效益。[1]

在金融行业，大量非结构化数据在逐渐开始应用人工智能技术。传统金融机构行业非常依赖结构化的个人资产、市场交易等金融数据，金融机构对客户和金融产品的风险理解能力受到数据规模和数据质量的影响。而人工智能技术的诞生，使得大量社交、电商、市场舆情、物流等非结构化数据也能够逐渐被理解应用，帮助金融机构更好地分析金融风险，匹配资金需求，从而不断提升金融的核心业务价值。

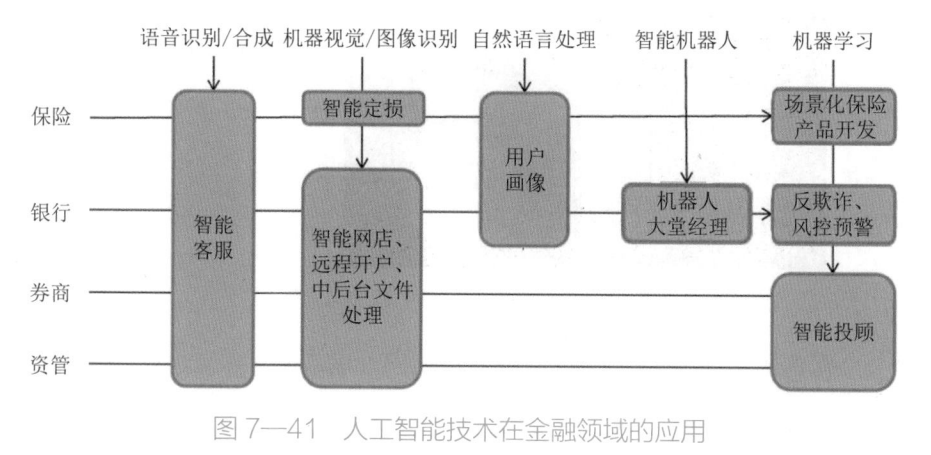

图 7—41　人工智能技术在金融领域的应用

---

①《AI+ 金融，人工智能成为长远发展的有力发动机》，http://www.hibor.com.cn/docdetail_2414749.html.

案例一：招商银行

招商银行是国内最早应用人脸识别技术的全国股份制银行之一，自 2015 年起与依图科技公司建立合作，利用依图科技公司先进的人工智能技术持续提升行内运营效率、降低风控风险、优化客户体验。在掌上生活、风控管理、小额贷款、线下拓展等渠道已进行应用，并实现线上线下场景的全面覆盖。

2015 年依图科技公司从 14 家供应商中脱颖而出，成为招商银行人脸识别项目供应商，在招行 1500 多个线下网点接入其人脸识别系统，用于辅助柜员核实银行客户身份。此外，人脸识别技术还服务于招商银行的远程视频柜员机（VTM）身份验证、手机银行自助办理业务、网点贵宾客户识别等业务办理。①

图 7—42　招商银行人脸识别系统

在智能客服方面，招商银行及其信用卡中心采用了小 i 机器人的智能微应用解决方案。信用卡中心通过机器人将人工智能技术与移动互联

---

①《1 秒内完成人脸识别　依图科技成为行业领导者》，http://www.sohu.com/a/195795945_675966.

网结合，用全新的方式完善企业的服务体系，增强用户体验，提升服务质量。拟人化的人机交互方式可随时随地向客户提供服务咨询、业务查询等基本功能；信用卡、账户信息等与招商银行网银系统直接对接，用户可开展在线还款、转账、积分兑换等复杂业务；而在与用户的寒暄中，结合位置服务、移动支付等方式可提供更多增值服务，带动相关业务拓展，实现增益创收。另外，结合社会化媒体的特点，智能客服可快速完成用户信息搜集、市场调研、品牌推广等营销活动。[1]

目前，智能微信服务平台已可自主完成信用卡 90% 的业务，上线后半年内捆绑用户量就超过 180 万，平均每天交互量 40 万~60 万通，其中 95% 为机器人自动回复处理，问题解决率高达 98%。

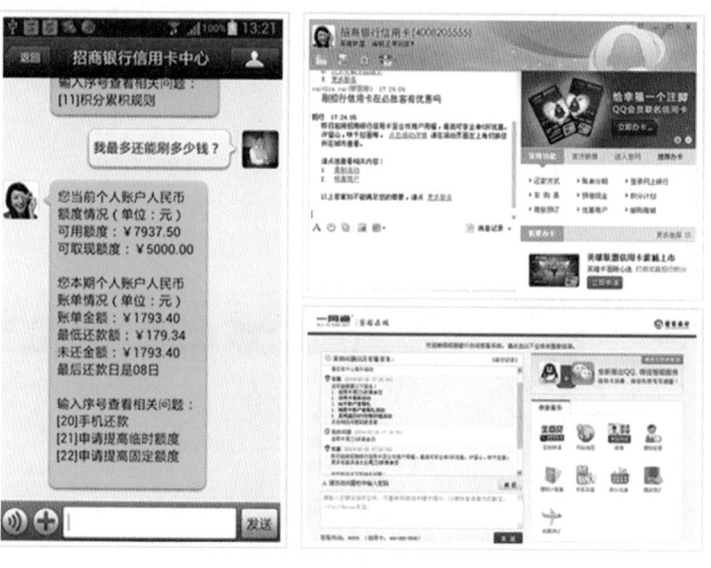

图 7—43　招商银行的智能客服与智能微信服务平台

同时，招商银行信用卡中心还基于人工智能技术打造出一个知识库，可以同时服务于内外部两类客户群体的新服务生态——互联

---

[1]《小 i 机器人——金融业案例》，http://talk.xiaoi.com/xiaoi/virtual/case/finance.html.

网智能知识库，实现企业知识的互联网化、开放化、透明化、统一化。知识库以智能语义理解模式替代传统的座席记忆＋关键字搜索的工作模式，开启了智能座席应用的新篇章。通过建设智能移动版知识自助门户，将卡中心庞杂而分散的知识和业务通过智能后台进行有效地整合并发布在所有移动平台，用户可以随时随地获取产品知识，帮助信用卡中心在移动互联网时代无缝对接用户和企业，实现企业产品、服务的高度自助和快速更新。

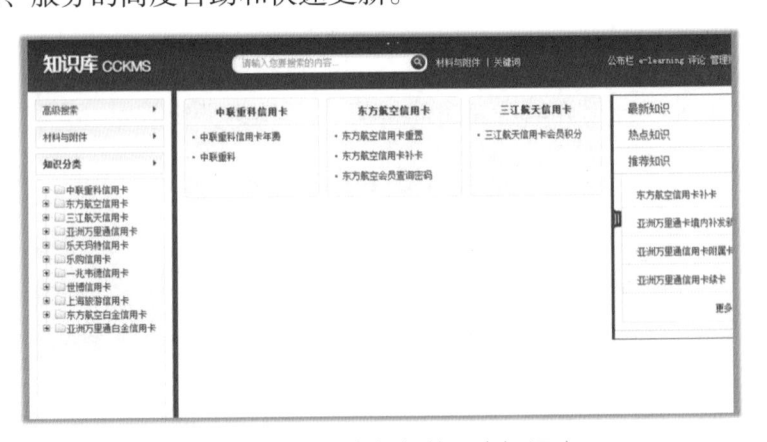

图 7—44　招商银行信用卡知识库

图 7—45　招商银行信用卡智能客服

案例二：交通银行

从 2009 年开始，交通银行以小 i 机器人的智能机器人金融知识综合管理平台为依托，陆续面向服务、营销、智能网点、投资、风控等场景实施了智能化升级改造。2015 年 5 月 26 日，国内银行业首款承担大堂经理职责的实体智能机器人"小 e"在交通银行诞生，为网点服务带来特色亮点，其结合智能机器人的云端大脑，可提供智能业务咨询办理的服务，并建立了微信、web、短信、APP 等多渠道的智能化服务平台，帮助月通话数减少了 200 万通，节省约 4000 万元。[1]

同时，利用身份识别系统及指纹验证系统完成与银行自助通设备类似的非现金业务的服务，包括但不限于客户信息查询、行内转账、银行基本利率查询、外汇牌价查询、优惠信息查询等业务。除此之外，智能机器人还可提供与用户聊天，查询天气、星座占卜、周围美食等第三方服务。

图 7—46　交通银行实体智能机器人"智慧娇娃"

---

[1]《从数字化向智能化转型　AI 助力金融业》，https://www.wdzj.com/hjzs/ptsj/20180920/794205-1.html.

图 7—47　现场大众对"智慧娇娃"充满好奇

　　另外，交通银行及其信用卡中心采用了小 i 机器人的智能客服与智能微应用解决方案，其在银行业内率先实现了手机银行语音交互和全媒体渠道的整合，迈出了智慧银行跨界创新的一步。微信渠道的接入，使交通银行总行及信用卡业务覆盖了所有主流电子渠道，能够随时随地提供 7×24 小时的互动服务，实现了金融服务的全面智能化。而国内首家智能语音导航的手机银行，通过自然语言实现信息查询、账户管理、还款、转账等功能，通过采用机器人智能解决方案实现多渠道拟人化交互，在降低呼叫中心成本的同时，增强用户体验。

　　智能微信服务平台上线后，一个多月内用户便超过 100 万，且日均增长用户达 3 万；网页版和短信版为客户提供了全面的交行网银问题的咨询，上线半年间累计服务客户超过 50 万，回答准确率达95% 以上。

图 7—48　交通银行智能微信服务平台

图 7—49　交通银行网页版智能客服

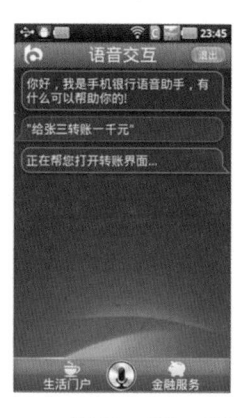

图 7—50　智能语音导航的手机银行

案例三：中国农业银行总行

中国农业银行总行采购了云从科技公司的集成生物识别平台，将公司自主研发的双目活体检测人脸认证系统应用于银行柜面、超级柜台、ATM 机、食堂刷脸吃饭等场景，进行用户身份核实、开卡时身份验证以及免携带银行卡进行刷脸取款应用、小范围的刷脸支付应用，目前已应用于全国范围内 37 个省分行，30000 多台自助柜员机，日均交易量达 200 万笔，在用户身份核实、工作人员审核效率、用户交易体验等方面都得到了很大的提升。①

用户在超级柜台自主开卡、柜面身份核验等场景，不仅能帮助银行提升交易安全性，还增强了最终用户的用户体验；而在食堂刷脸吃饭场景，科技公司利用人工智能技术帮助银行探索刷脸支付场景的创新。

此外，2018 年 6 月，基于人工智能技术的农业银行智能掌银 1.0 正式上线，打开人脸识别功能，眨眨眼，就可实现 5 万元以内的大额转账，同时还建立了多维度"千人千面"精准营销模型，并且实现语音唤起金融服务，刷脸登录与转账、智能投资顾问等创新功能，在提升客户体验的同时，让金融服务更加随时随地随心、高效便捷安全。②

---

①《中国计算机视觉"四小龙"如何看懂世界》，http://www.360doc.com/content/18/0620/19/55760565_763915067.shtml.

②《农业银行智能掌银　人工智能提供个性化精准服务》，http://www.js.xinhuanet.com/2018-12/05/c_1123811091.htm.

图 7—51　农业银行超级柜台

图 7—52　柜面身份核验与食堂刷脸吃饭

以感知引擎功能为例，在主界面搜索栏内有一个"小话筒"，点击发出语音指令，即可快速跳转到相应页面。如说出"缴费"，系统后台可快速实现语意理解，跳转缴费页面，快速获取信息。此外，该功能还能实现快速转账，说出转账的对象和金额，即可直达转账界面，金额也不用填写，方便快速转账。

农银智投则具有智能投资管家功能，它根据客户资产状况、风险偏好和流动性偏好，智能推荐个性化的资产配置方案。通过模型算法实现兼顾收益、风险的智能化基金配置和投资管理，具有一键购买、自动购买等功能，减少操作困扰。

图 7—53　语音唤起金融服务与刷脸身份验证

因此，智能掌上银行的上线进一步夯实了银行的安全风控体系，引入多样化身份认证手段，满足不同场景下的认证需求。如应用人脸、声纹、虹膜等对客户进行在线识别；利用 OCR 技术进行快速联网核查；推出掌银账户安全险，保障客户资金安全，低保费，高保额，提升客户信赖感；结合生物特征认证、FIDO 等优化当前认证策略；根据客户风险级别动态匹配交易认证强度和交易限额等。

案例四：中国银行

中国银行对于人工智能的广泛应用主要关注两大运用基础，一方面是需要清晰定义问题解决的应用场景；另一方面是确保人工智能依托的数据质量和数量，特别是流程数据的完整性和更新及时性决定了人工智能应用的基础是否牢固。[1]

因此最近几年，中国银行以人工智能和大数据为新兴技术研

―――――――――――――――

[1]《人工智能　金融数字化新方向》，https://www.doc88.com/p-4512877086423.html.

究运用的突破口，从总行层面与云从科技公司深度合作，就人工智能技术在银行内的各个业务渠道进行应用。在柜面、智能柜台、ATM、手机银行刷脸取款等多个场景，将人脸识别应用于用户身份核实，提升业务办理效率和用户体验。

图 7—54　中国银行 VIP 专区与智能柜台

在海外贸易融资业务反洗钱核查领域，国外监管机构要对中国银行所有贸易金融交易进行全方位交易审核，包括交易相关人员、机构的背景调查与负面新闻调查，交易相关船只的合法性和航行路径调查，货物名称种类与价格调查等。中国银行综合运用文本分析、图像识别、机器学习等人工智能技术，以银行自有客户数据和交易数据为基础，结合从外部交易网站、制裁名单、船运公司、新闻媒体抓取的海量数据，可自动对贸易交易过程中的货物单价、交易对象、货运船只真实性等内容进行识别并交叉验证，最终生成分析报告，为核查提供依据。原本每单审核时间从手工 2 小时下降到 2 分钟，效率与质量得到极大提升，银行人工成本大幅降低。

近期，中国银行全国首个 5G+ 智能生活馆在北京亮相，标志着中国银行在人工智能＋金融领域的创新继续发力。在配备人脸识别设备的 5G+ 智能生活馆的 VIP 场景，有 AR 珠宝试戴和 VR 看车购车的空间、有休闲娱乐的拉花咖啡空间、有独立的 VIP 专家连线空间、有办理外币现钞业务的跨境金融空间。在这里，顾客看不见柜台，却依然能体验到多元而贴心的服务，同时线上数据与线下场合的鸿沟被打通，也能极大提升 VIP 服务用户体验，提升营销效果。[①]

图 7—55　中国银行 5G+ 智能生活馆与中银会务通

图 7—56　中国银行 5G+ 智能生活馆的 VIP 区域

案例五：东莞农商银行

2019 年 4 月，东莞农商银行的智能服务机器人"小 D"正式上岗，它们能迎宾接待、智能问答，也能与客户在线互动，引导客户

---

①《中国银行 5G 智能＋生活馆在北京正式开业》，http://finance.sina.com.cn/money/bank/2019-05-31/doc-ihvhiews5924855.shtml.

办理业务。"小 D"具备人脸识别功能，不但能主动迎宾问候，还能精准识别 VIP 客户，提供业务咨询和智能问答服务；同时"小 D"可在室内高精度自主导航，主动引导客户到相应的窗口或柜台办理相关业务，如果"小 D"遇到不懂的问题或不了解的业务时，还能主动呼叫后台客服协助解答办理。在客户等待办理业务期间，"小 D"还能唱歌跳舞等娱乐表演，给客户带来轻松畅快的服务体验。目前，首批智能服务机器人已在东莞农商银行万江、高埗、虎门、东城、常平、厚街和中心支行营业部正式上岗。①

图 7—57　东莞农村商业银行的智能服务机器人"小 D"

此外，为响应国家普惠金融政策，积极开展小微企业信贷业务。为解决小微企业放量少、获客成本高、投入大、企业风险控制效果不明显等问题，银行与云从科技的风控业务团队合作开展小微发票贷产品。银行对小微贷产品诉求是银行原有业务不变动，发票贷产品业务面向客群为新增客户，目标客群是属地化客户，并剔除行内

---

① 《东莞农商银行智能服务机器人"小 D"正式上岗》，http://www.96138.com.cn/ newgdrcu/fwsc/info_20_itemid_3011.html.

已有客户和少部分企业行业类型，需要在半年内新增获客几千户，年内放量要达数十亿。

在获客阶段，云从科技基于银行对目标企业客群类型与规模的风险偏好，对银行输出属地小微企业腰部客户白名单，并给出预授信额度，解决小微获客难获客成本高等问题。后续银行可根据白名单自行做线下营销或由客户经理进行精准获客。

在贷前阶段，存在银行和小微企业风控信息存在信息不对称的问题，因此云从科技基于强大的人工智能算法建模技术，结合企业发票和其他三方数据，并根据银行风险偏好，联合银行和百望进行贷前风控策略建模。百望输出建模内容给银行，后期根据银行业务需要及时进行模型调优和重构。借助公司拥有的丰富成熟的风控体系和风控产品本地化部署经验，帮助银行在 35 个工作日内上线小微发票贷业务。通过冷启动或热启动，节约成本的同时，抓住市场机会快速落地上线小微贷款产品，提升银行业务落地能力。

在贷中阶段，云从科技每月定期输出银行定制化企业经营状况报告，而在贷后阶段，公司为银行提供风险预警服务，可让东莞农商银行及时观察企业经营能力和产品贷后表现，形成业务经营闭环。

案例六：中国建设银行

2018 年 4 月，国内第一个无人银行在上海九江路开业，中国建设银行采用人脸识别的闸门和敏锐的摄像头来替代传统的保安，而且也找不到一个大堂经理，在大堂中心矗立的是会微笑说话，对来访顾客嘘寒问暖的智能机器人。同时，在无人银行中也找不到一个柜员，取而代之的是更高效率，懂用户所要的智能柜员机。这里没有人，但90%以上现金及非现金业务智能机器人及智能柜员机都能办理。若遇到复杂的业务，只需戴上耳机和眼镜，远程一对一进行办理。另外，在无人银行的一侧拥有AR、VR等多项技术的"游戏厅"，用户坐下来就能把建行建融家园中所有租赁的房子都看一遍。①

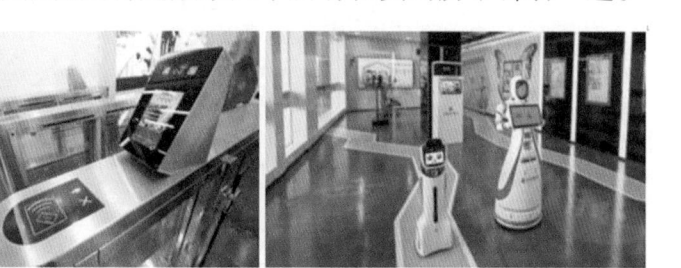

图 7—58　建设银行无人银行的人脸识别闸机与智能机器人

图 7—59　建设银行无人银行的智能柜员机与 VR 眼镜

除此之外，中国建设银行还采用了小i机器人提供的智能微应用解决方案，帮助用户便捷完成业务咨询、查询、还款等事项，业务涉及个人金融咨询（理财、贷款、储蓄、电子银行等业务的介绍、办理、操作）、银行卡业务（信用卡的介绍、办理及积分活动）及个人商城（交易的售前售后问题）。

①《国内首家无人银行在上海开业》，http://www.sohu.com/a/228177627_100128150.

建设银行短信机器人自 2018 年 11 月上线以来，回复准确率超过 81.85%；微信渠道自 2013 年 11 月上线以来。到 2019 年 2 月底已累计交互超过 6179 万，平均每天交互量 150 万，准确率超过 92.23%。随着中国建设银行后续的营销活动推广与运维，准确率与交互量将会持续增加。

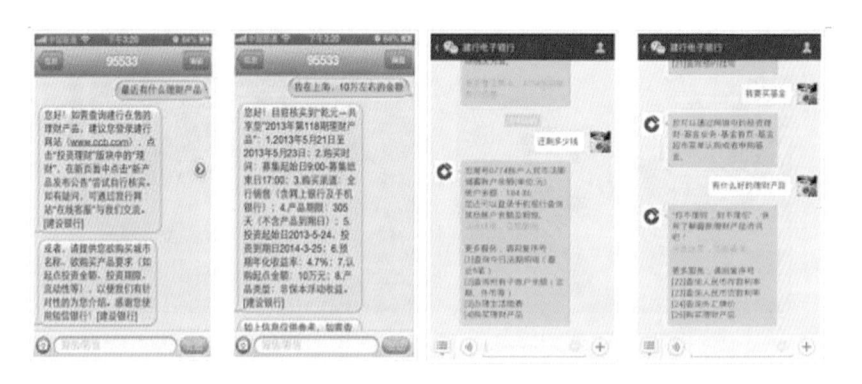

图 7—60　建设银行短信机器人与智能微信客服

案例七：中国工商银行

2018 年中国工商银行与第四范式签约，共同基于通用的人工智能基础设施能力和标准化应用流程，构建覆盖营销、反欺诈、审批、贷后管理、运营等全生命周期的人工智能业务场景应用。同时，工行还成立了工银金融科技创新平台，包含了产品体验区、宣传展示区、沙龙区和自主银行服务区，将运用智能感知、AR 识别、聚合支付等新技术，实现 VIP 迎宾、刷脸支付、VR 银行、互动笑脸墙、AR 实景寻宝、智慧金融助手等功能。其中，在刷脸支付方面，第一批产品已由工行北京分行率先应用于北京西单大悦城商场内的多家商户进行试点，工行持卡人只需线上绑卡注册，便可体验刷脸支付结算服务。在工行上海分行等线下网点，客户人脸识别解决方案也助力银行服务好其数量庞大的私人银行客户，在提升智能营销力度的同时，最大程度挖掘潜在客户需求。①

而其智能投顾品牌"AI 投"已于 2017 年 11 月上线运行，用户选定可承受的投资风险等级及投资期限后，点击"一键投资"即可完成基金组合购买。而当基金组合不符合市场投资形势时，AI 能够建议客户调整基金组合，客户可通过"一键调仓"完成基金组合调整。试运行以来，工行公布的数据显示 15 个资产投资组合表现稳定，涨幅在 0.68%~3.03%，年化收益率在 3.14%~14.59%。②

图 7—61　工商银行智能投顾"AI 投"

通过"AI 投"这种智能投资、智能理财方式，客户能以较低的门槛获得专业化的投资顾问服务，享受个性化的资产配置方案，降

①《基于"先知平台" 中国工商银行与第四范式合作》，http://m.sohu.com/a/246822406_223764.

②《工行布局智能投顾——"AI 投"金融科技赛道新发力》，http://www.xjrb.com/2017/1227/361496.shtml.

低投资的时间成本及机会成本，提升投资效率，享受普惠金融及科技创新的成果。①

案例八：平安银行

2017 年平安银行开始在全国升级智慧网点，截至 2019 年 4 月，已在全国 50 个城市的逾 136 家零售网点进行智能化改造。升级改造后的零售新门店，实现了线下门店与手机银行、网上银行、微信、远程客服等的全渠道打通，打破了银行服务在时间和空间上的限制，以统一的方式为客户提供优质的产品及服务。目前，智能柜面可支持超过 95% 非现金业务，客户开卡时间也从原来的 6 分钟优化到最快 1 分钟，还实现了大部分业务的电子一键下单，实力打造"不排队银行"，促进支持业务快速增长和零售转型。②

在厅堂经营上，打通进店—接待—转介—管户——户六开—产品销售的标准厅堂阵地营销流程，运用人脸识别技术识别进店客户，并率先应用厅堂热力图实时可视化呈现厅堂客流、人员站位及服务营销数据，高效管理服务质量及效率；在客户经营上，贯彻分层管户经营逻辑，聚焦精准营销，通过经营数据的多维分析，辅助经营策略制定，整合集团客户模型及标签（LBS 等），预测客户潜力、产品倾向、客户圈子及流失概率，形成客户 AI 视图，同步集成筛选搜索能力，精准建议批量经营名单。

---

① 《工行正式推出智能投顾"AI 投"》，http://m.sohu.com/a/204253873_118392.

② 《平安银行网点在智能化变革中突围》，http://www.sohu.com/a/311832433_672569.

同时，结合自身业务发展目标，平安银行切入以客户为核心的咨询、服务、销售场景，利用自然语言处理技术、深度学习等人工智能技术，构建企业级智能知识库。依托"最强大脑"，平安银行智能客服在 2018 年 12 月正式亮相，构建了覆盖电话、在线和线下各渠道的智能客服闭环体系，并通过加入自然语言识别技术、升级语音机器人和文本机器人等方式持续提升各渠道体验。截至目前，平安银行 AI 客服非人工占比已经接近 80%，解决率保持在 90% 以上，满意度保持在 90% 以上。

网点智能化转型带来的直接成果主要体现在两方面：首先，有限的面积可以支撑更大的业务量。过去一个 500 平方米的传统网点，AUM 突破 10 亿要扩充人力和网点面积，完成智能化以后，该类网点可支持 50 亿 AUM。其次，网点智能化有效提升了网点产能。智能网点的AUM 增速是传统网点的 1.5 倍，存款增速是传统银行的 1.2 倍。以广州流花支行零售新门店为例，该门店有效客户数月增长平台较改造前增长 2 倍，复杂产品销售提升 3 倍以上，员工收入也有较好的提升。

图 7—62 平安银行广州流花支行（平安银行升级版 3.0 样板门店）

图 7—63　平安银行零售新门店的智能机器人与柜员机

案例九：中国太平保险

2017 年 4 月中国太平保险共享服务中心与科大讯飞合作，共同组建人工智能语音实验室，并成功研发出保险业第一款商用人工智能语音客服机器人"小慧"，率先应用于车险结案的回访场景，其能支持多种方言服务，初期的交互准确率达到 80%。[①]

同时，通过聚合自然语言处理和声纹识别等技术，太平保险还建立了智能微信服务平台，向用户提供全业务闭环的保险智能服务。在售前阶段，用户可以通过自然语言交互的方式完成业务咨询、险种咨询和勾选建议等问题的解答，并通过此方式对用户进行导购营销；而在售后阶段用户可以通过智能化的方式快速完成保单查询、保全变更和理赔服务。太平保险微信渠道日均交互量超过 110 万条，准确率达到了 98%，极大降低了人工电话的成本。

此外，借助智能图像识别技术，太平保险在建设柜面综合受理平台时成功引入了 OCR 智能影像识别技术。该平台可对条码、二维码、身份证件、银行卡等影像进行智能识别，实现单证分类、信息

---

①《开启智能客服时代——太平保险集团的人工智能技术实践》，http://www.360doc.com/content/18/0527/15/55092353_757430372.shtml.

读取的自动化及系统自动校验。平台上线后大大减少了柜面手工操作，提高了柜面服务效率和客户接待能力，临柜保全服务时效从原来的 26 分钟减少到 16 分钟，保险服务便捷性方面有了极大的提升，客户体验也得到了有效改善。

而 2019 年 1 月其子公司太平人寿保险的智慧营业厅在北京、广州、成都、济南揭幕，这是保险业内首个智能终端全覆盖的保险服务门店。进门处的 LED 屏幕配备人脸识别系统，摄像头采集人脸数据后，辅以用户的预约信息或是引导台的身份识别信息，迅速传递到后台，调出用户的身份和保险信息，最终转化为带着客户姓名的温馨问候，出现在大屏幕的顶端。屏幕左边的导引台，顾客可以取号、填写基础信息，并看到接下来该去哪里办理业务的地图指引。门口的"接待员"是一名叫作小智的机器人，它可以带领客户去办理业务的区域，也可以表演唱歌跳舞，陪客户打发等待时间。[①]

在"人脸健康识别站"，只需要盯着小屏幕、把双手放在指定区域等待 100 秒，就可以通过扫描二维码拿到一份很全面的检测报告，检测项目包括人体十大系统的 70 多项指标。一旁被称为"魔镜"的智能体脂检测一体机通过人脸识别、人体感应、语音交互等人工智能技术，可在 30 秒内生成健康数据分析报告，精确检测体重、身体脂肪、蛋白质等 21 项身体重要健康数据。未来 1—2 年，太平人寿保险目标通过基于人工智能技术的"智慧营业厅"和打通线上线下的"移动平台"实现网点自主化率提高到 50% 以上。

①《太平人寿试水人工智能 保险业"无人营业厅"起步》，http://www.infzm.com/content/144226.

图 7—64　太平保险智能微信服务平台

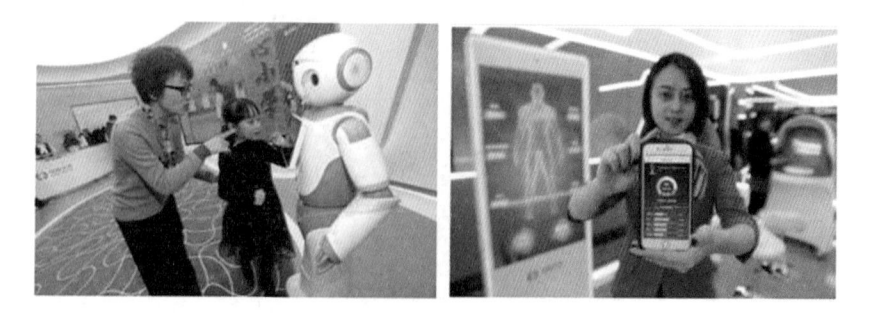

图 7—65　太平人寿智慧营业厅的智能机器人小智与人脸健康识别站

AI+ 办公楼宇 / 园区 / 社区

随着智能化的普及和楼宇的安全管理，尤其是用户进出以及来访客人管理迎来了新的发展机遇。目前，绝大多数楼宇系统采用 IC 卡的方式，看似简单的一个刷卡开门动作，却存在较大的使用弊端和安全隐患：如忘记带卡时，用户进出楼宇会带来不便，楼宇物业为每个公司的用户的卡的数量有限，增加一张 IC 卡需支付额外费用；若卡丢失，并被不法分子拾到后，即可随时随意开门进出，导致财物被盗和商业信息泄露等风险。[①]

当前的人工智能 + 楼宇解决方案，是以建设高度 AI 化的办公、停车、楼宇控制和安防系统，提升楼宇的智能化服务和管理质量为目标，以最快捷和智能的方式为楼宇内人员提供便捷的办公和生活服务以及安全保障。通过生物识别闸机及门禁、导引服务机器人等控制设备和软件系统，实现智能化访客服务、办公考勤、会议服务等智能办公服务功能。

同时，利用无人自动贩卖柜、兜售机器人等智能零售设备和相应的零售管理平台，实现楼宇智能化的生活服务，向办公人员和来访客人提供快捷方便的购物体验，使整栋大楼实现"扫手即服务、

---

① 《当楼宇安防遇见人工智能　人脸识别大显身手》，http://m.sohu.com/a/217649400_585607.

高度智能化"的全新智能化服务体验。

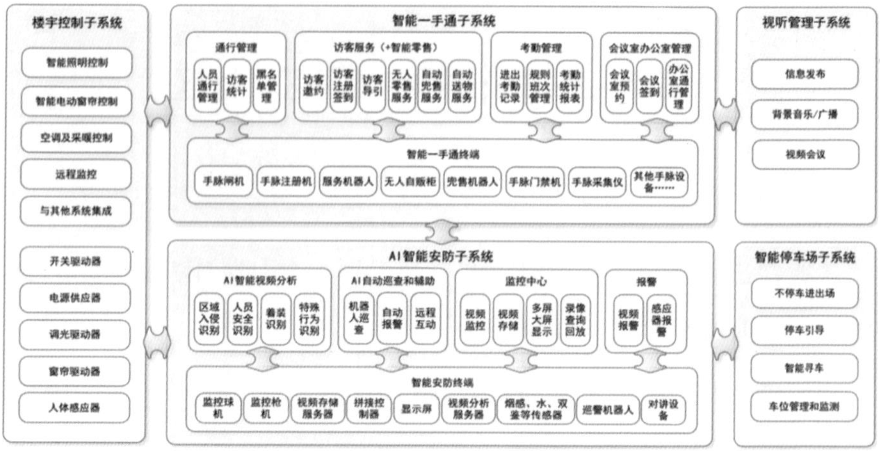

图 7—66　深兰科技的 AI+ 楼宇解决方案

案例一：缤谷大厦

入驻缤谷大厦的深兰科技通过在主入口、办公室、保密区域、多功能区等区域部署智能一手通系统实现了人员出入管理、权限管理、访客统计、黑名单管理等功能。

在大厦一楼的出入口处，设有三台手脉闸机，员工将手掌放在扫描处，闸机门马上就打开了。而在十楼的办公地门口的门禁机可实时辨认人员信息，若是公司已注册手脉信息的员工，则屏幕上当即显现"辨认成功"字样。在歇息区，摆放着一台无人值守的智能零售柜，里面摆满各种饮料、面包、零食等，职工购买时，只需输入自己手机号后四位，经过"扫手"开门，拿走想买的物品后关门即可，需要付出的金额会主动从微信或支付宝中扣除。这种生物特征识别方式是通过提取寄存于手掌毛细血管的独特 ID，具有终身不变性，无法复制，安全性高，可以做到"一次注册，终生使用"。

图 7—67 楼宇门口的手脉闸机与智能零售柜

深兰科技基于手脉生物识别技术研发的手脉门禁考勤一体机可以帮助企业实现进出考勤和时间管理功能，提高了管理工作的效率和便捷，从而实现考勤的现代化管理，使管理者及时、迅速、准确了解相关人员出勤及出入情况，改善人事管理模式。

案例二：万科集团

万科集团是国内领先的城乡建设与生活服务商，主营业务包括房地产开发和物业服务，目前主要聚焦全国经济最具活力的三大经济圈及中西部重点城市。

商汤科技赋能万科集团总部办公以及旗下智慧社区生活，采用了人证核验一体机、人脸识别闸机、人脸识别门禁机等终端智能设备，

图 7 -68 万科集团总部的人脸识别门禁机

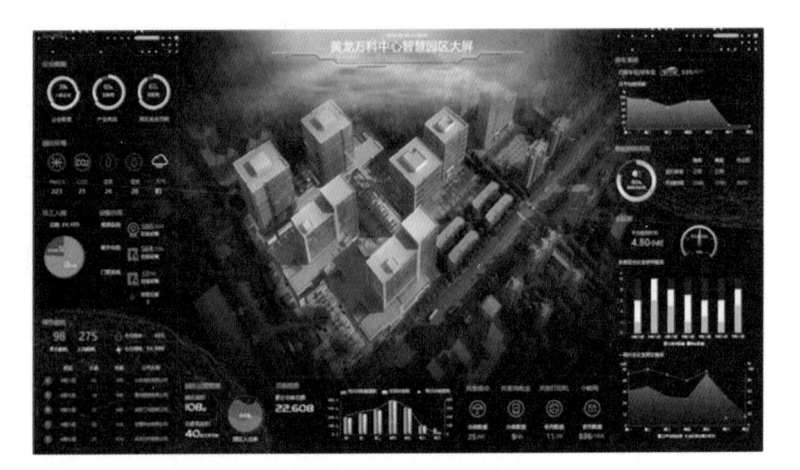

图 7—69　黄龙万科中心的智慧园区大屏

完成访客迎宾、刷脸闸机、刷脸门禁考勤等服务。有效防止遗失 IC 门禁卡丢失后极大的安全风险；杜绝了代打卡签到现象，帮助万科智慧办公及智慧社区打造完整的通行方案。

而位于杭州的黄龙万科中心则与阿里云战略合作，从人脸通行、访客管理、人脸考勤、智能会议、云投屏、智能环控、共享办公、能源管理等智慧办公场景到新风量、温度、湿度的自动化控制，再到能耗系统、楼宇控制、智慧电梯等多种智能化运用场景，可以实现系统间互联互通和数据统一集中管理，为黄龙打造完整的智能体验闭环。[①]

案例三：华润集团

针对华润集团智能化转型中对于智能楼宇的升级改造需求，旷视科技提供整套"AIoT 系统 +AI"识别感知技术赋能摄像头、

①《万科杭州：践行新战略　做好空间场景的运营与服务》，https://hz.house.qq.com/a/20180402/018732.htm.

传感器等感知终端软硬结合的解决方案，使华润集团成为首个真正实现全场景人脸识别的企业，大幅提高了企业的智能化管理水平。[①]

根据华润集团覆盖商业写字楼、工业园区等多样化的建筑形态，旷视科技创新运用人脸识别、图像识别等 AI 视觉技术结合摄像头、闸机、门禁面板机等物联传感设备，为其打造出专属的智能迎宾系统、考勤管理系统、访客管理系统、陌生人管理系统、区域管理系统，提供员工刷脸考勤、访客刷脸签到、户主刷脸通行、陌生人识别预警、园区安全监控等一系列丰富的楼宇智能化管理能力。[②]

借助人脸识别与图像识别等技术，华润有效管理着楼宇及园区内数千余名员工的出入证，人脸正确识别率达 99% 以上，特殊场景下（如工人安全帽遮挡脸部、户外恶劣天气：弱光、雨雪、高温等），识别率仍保持在 97% 以上。

截至目前，旷视科技已为华润交付了 550 余路智能设备，覆盖华润总部大楼、华润福建总部大楼、华润置地、华润电力工业园区、华润城润府、华润银湖蓝山、厦门华润万象城等多场景形态的近百栋楼层，完成 12 万余名员工、户主门禁权限管理，日均接待访客近万人次，帮助华润建立以用户为核心的感知物联体系和数据服务中心，用人工智能为企业创造更大价值。

---

①《旷视 AIoT 解决方案落地华润　持续深化研发应用》，http://www.myzaker.com/article/5c860aaa77ac6457f935c1bf/.

②《智能楼宇市场不断扩大　旷视楼宇园区数字化解决方案加速落地》，http://baijiahao.baidu.com/s?id=1640101229446903722&wfr=spider&for=pc.

前台-迎宾系统

出入口-人脸识别闸机

重点区域-着装监控

园区内-风险预警

图 7—70　华润集团的智能化管理

案例四：北京市公租房

北京市海淀区作为国家高新技术产业标准化区域，其多个公租房项目采用了旷视科技基于人工智能技术的楼宇园区人员管理解决方案，从 2016 年开始落地多个公租房小区，探索社区人员数字化管理的可行性，实现业主刷脸进门。系统通过识别配租人及其家庭成员的人脸图像，可实时记录家庭成员进出公租房情况，不仅可以帮助管理部门了解小区内家庭的实际居住情况，还可以为公租房后期管理提供技术辅助。①

①《人工智能推进城市管理数字化首都公租房社区试水"智能＋"》，http://dy.163.com/v2/article/detail/E9OQC51M0514R9KE.html.

自海淀区公租房项目上线旷视科技的人脸识别系统后，截至2019年2月，人脸识别智能社区解决方案已经在19个公租房社区正式上线运行，服务于两万余户承租家庭，每个社区支持注册1万人的量级，至今未再发现转租、转借行为，甚至有一些意图转租、转借公租房的保障对象得知公租房实行人脸识别后当场放弃了租赁签约。在给配租人和物业管理者提供了智能生活解决方案的同时，为社区物业管理实现了降本增效，也为海淀区构建智慧城市，不断改善民生提供了有力支撑。①

该试点的成功应用证实了通过"大数据 + 人脸识别"技术解决公租房转租、转借、空置等问题的有效性，同时还为保障房的后期监管提供了有效的人口动态大数据，为北京市全市推行人脸识别提供了有力的实践依据。

图 7-71　北京市保障性住房建设投资中心人脸识别安全管理系统

而随着 2018 年末的《关于进一步加强公共租赁住房转租、转借行为监督管理工作的通知》要求，纳入北京市保障房建设计划的公

――――――――――――
①《100% 副省级以上城市提出智慧城市计划　AI 持续助力城市建设智能化》，http://www.sohu.com/a/334696668_118778.

租房项目应全面采用"人脸识别"、智能门锁等技术，实现非承租家庭成员不得随意进入楼栋单元门。因此可以预见的将来，全市将会有更多的公租房项目安装人脸识别系统。①

---

① 《北京公租房小区将全面采用人脸识别、智能门锁技术》，http://www.chinamae.com/shownews_156329_18.html.

AI+ 医疗

在人口老龄化、慢性病患者群体增加、优质医疗资源紧缺、公共医疗费用攀升的社会环境下，医疗人工智能的应用为当下的医疗领域带来了新的发展方向和动力。随着人工智能技术在医疗领域的持续发展和应用落地，这个行业将极大简化当前烦琐的看病流程，并在优化医疗资源、改善医疗技术等多个方面为人类提供更好的解决方案。

数据显示，目前，我国日均门诊需求量在 7000 万人次，但医生和职业助理医师仅 282 万，门诊量成为他们难以承受之重。人口结构、医疗资源分配不均以及医护人员严重不足等问题加重了国家医疗资源的压力。而在癌症领域，眼下国家正大力鼓励肿瘤高危人群进行早期癌症筛查，可是，医生培养周期长，队伍无法迅速扩容，对政策推动下迅速增长的需求显然应接不暇。如何让医生真正摆脱事务性纷扰，专注于人性关怀和对未知领域的不懈探索？面对如此巨大需求，人工智能自然不会错过。[①]

经过多年的发展，人工智能在语音识别、机器视觉、自然语言处理等方面的突出能力，使其在医疗领域被寄予厚望，人们期

---

① 《人工智能：赋能新时代 造福你我他》，http://www.ceh.com.cn/epaper/uniflows/html/2018/09/21/06/06_52.htm.

待人工智能能真正减轻医生工作负担，并在更大程度上对漏诊误诊加以避免。从患者角度来看，人工智能已开始向诊前、诊中、诊后等各个环节进行渗透。而在细分应用中，以诊中环节的影像诊断和语音识别（即语音病历）最为成熟。一方面，由于这两个细分领域具有一定的数据产生和积累，如 CT 影像、病历文档等，能够被用于人工智能模型的训练；另一方面，由于相关算法在人脸识别、语音识别等其他领域的应用已相对成熟，能够直接类比进行落地应用。[1]

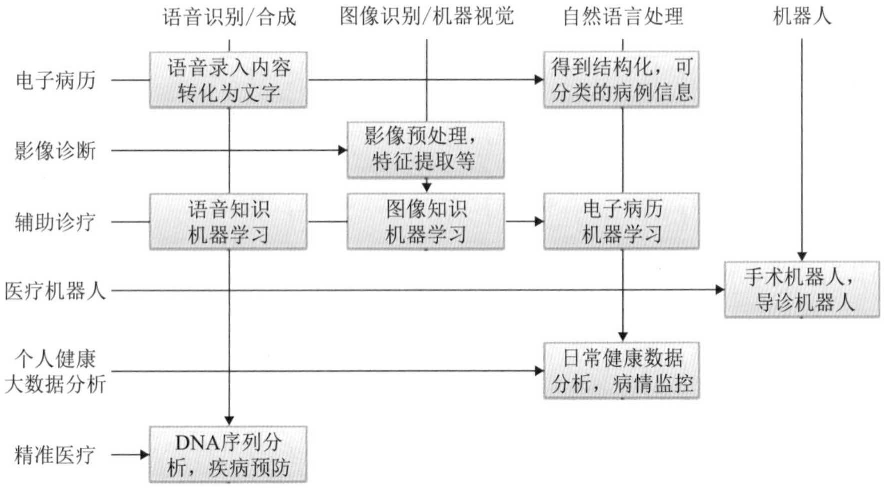

图 7—72　人工智能技术在医疗领域的应用

　　截至目前，人工智能在医疗领域的应用，虽然大多处于医院试用阶段，还没有实现普遍运用，但是 AI+ 医疗的发展想象和潜力空间巨大。毕竟随着老龄化社会的来临，人们对于健康的重视

---

[1]《人工智能行业主题研究：AI+ 医疗　发展低于预期　数据是主要瓶颈》，http://www.microbell.com/docdetail_2438795.html.

程度在逐渐提高。未来，AI 医疗应用将会出现遍地开花的盛况。[①]

案例一：上海交通大学医学院附属第九人民医院

上海九院是三级甲等综合性医院，其整复外科、口腔医学、骨科等方向全国顶尖。商汤科技的智慧健康团队与第九人民医院院士团队合作，在骨盆肿瘤等骨科疾病的诊断、个性化手术规划、3D 打印与耗材设计等全流程的 AI 辅助方面进行联合探索研究，可以有效提升骨科医生在治疗规划过程的工作效率，满足临床的诊疗愈需求。

此外，上海九院放射科 2018 年 3 月引入了依图科技的肺癌影像智能诊断系统。在九院放射科，每天仅肺部检查就高达 150 件次，以每次检查 CT 拍摄 300~500 张照片计，需诊断的照片数万张。可想而知，医生的读片疲劳难免会让某些小结节成为漏网之鱼。而肺癌影像智能诊断系统作为医生的助手，能将每张 CT 在送到医生手中之前，先行阅读，标注出可能出现病变的位置，再交由医生自主判断，其速度和准确度均已获得医生的认可。智能诊断系统不会遗漏 2~3 毫米的结节，其产出的临床报告被直接采纳率现在已经超过 92%，通过人工智能，一些简单、繁重的工作交由机器来执行，本质上是为医生减负，为医院提升劳动效率。[②]

而在癌症领域，由于担心"杀敌一万，自损八千"，放疗物理

①《风口上的 AI 医疗　应用场景增加与商业变现之难》，http://www.elecfans.com/yiliaodianzi/20190527942211.html。

②《上海九院 AI 赋能医疗　看病变得"快准稳"》，http://mini.eastday.com/a/180911084855767.html。

师往往要花费大量时间一笔笔勾画器官区域，避免放疗对相邻健康器官造成误伤。借助上海联影医疗的智能医疗机器人提供的器官自动勾画功能，医生仅花 0.7 秒就能完成器官勾画，准确率也大幅提升，让具杀伤力的射线绕道而行。

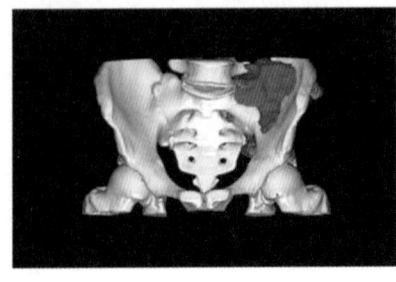

图 7—73　AI 辅助 3D 打印与筛查机器人

案例二：上海市第一妇婴保健院

上海市第一妇婴保健院是我国最早成立的省市级妇幼保健院之一，是一家三级甲等专科医院。小 i 机器人为一妇婴定制的智能客服机器人可通过微信服务号"第一妇婴客服中心"、支付宝服务窗"上海市第一妇婴保健院"、一妇婴官方网站等渠道，通过对话解答患者关于医院就医流程和挂号服务的相关问题。其全渠道覆盖主要用于千天计划、新生儿问题咨询、3~6 岁儿童保健、导诊咨询，可跟医院挂号、交费系统对接直接进行挂号、付费等业务场景。目前，线上互动的问答匹配率已经达到了 95%。[1]

①《一妇婴"智能导医师"机器人上岗　患者可"隔空"取抽血号》，http://www.sohu.com/a/274608801_100253943.

图 7—74　第一妇婴保健院智能客服

与此同时，其同名的智能导医师则在门诊大厅，提供院内导航、导医咨询服务、就诊预约等功能。而作为一家妇产科专科医院，还有些特制功能，例如等候就诊的孕妈妈们有兴趣的话可以在它身边听一听胎教音乐。另外，不仅小额度的保险理赔可以在这台机器上快速实现，还能直接买与母婴相关的保险。

除了这些功能之外，该智能机器人还能"空中取号"。众所周知，一般医院的抽血窗口、超声检查等区域，都是让患者头痛不已的排长队的集中区域，尤其是早晨和上午的高峰时间。而借助该智能机器人，门诊大厅开门前等候的患者和家属会拿起手机，在屏幕上操作预约后，在座位上静静等待叫号，然后走去二楼抽血中心即可。目前该智能机器人在一妇婴的门诊大厅、特需门诊和住院部运行，其后台可以根据患者的不同问题，整合出大数据，更新数据库，进一步分析和满足患者需求。

图 7—75　第一妇婴保健院的智能导医师与智能机器人

案例三：浙江省人民医院

依图科技公司的医疗团队与浙江省人民医院联合成立了人工智能辅助诊断中心，将科技公司的医疗肺癌影像智能诊断系统应用于肺癌早期筛查领域，大大减轻了医生的工作负担。利用智能图像识别技术，一个食管癌内镜检查诊断用时不到 4 秒。[①]

以肺结节辅助诊断系统为例，在医生轻触鼠标后的短短几秒，当天放射科所有体检病人的肺部结节筛查情况就在屏幕上逐一呈现，在这张简明易懂的数据表上，除了显示病人的基本信息外，还注明了经平扫 CT 筛查出的结节数量。患者可疑结节的方位、大小、形状、诊断为结节的百分比等信息也在系统提交的诊断单上详细显示。但是目前医生仍需要用自己的经验仔细核对每一份报告，确保诊断无误，其在临床上依然只发挥着辅助筛查的功能。以一天 200 个肺部结节筛查病人为例，每个病人的影像报告都不下 200 幅图像，这些报告至少要查看两遍。也就是说，每天放射科需要处理的图像多达 8 万幅。因此，搭载人工智能技术的辅助诊断系统能够有效帮助常

---

①《浙江省人民医院引进人工智能　放射科有了"火眼金睛"》：http://mini.eastday.com/mobile/170228080821372.html.

年处于工作过载状态的医生缓解压力，最终提升诊断的准确性。目前，这套系统的肺小结节识别率已经超过90%，准确率达95%，性能已达到国内外领先水平。

未来人工智能在浙江省人民医院的应用，将不仅仅限于肺小结节的计算机智能识别，还可能纳入全身各脏器CT、MR、DR等各类影像学图像、报告大数据源及其他医学数据源海量数据的深度挖掘。

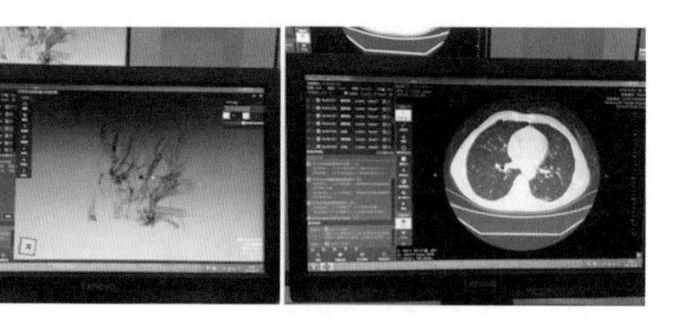

图7—76　医疗肺癌影像智能诊断系统

图7—77　浙江省人民医院人工智能辅助诊断中心

案例四：安徽省立医院

安徽省立医院与科大讯飞合作工作，借助人工智能技术，将其应用于智能导诊导医机器人、人工智能医学影像辅助诊断系统、门诊语音电子病历、口腔/超声语音助理、云医声移动医护工作站等场景，改善针对患者的医疗服务。①

以智能机器人为例，在省立医院的门诊部，两台导医智能机器人经过持续学习 53 本医学教科书和相关数据，可以支持 47 个科室的医生排班查询、618 个地点导航、607 个功能地点导航以及 227 个地点的上班时间和 260 个常见问题的询问，回答问题的正确率由早期的 81% 提升到 90.81%。②

另外，医院通过物联网技术实现对 5 大类约 2000 种医用耗材的全程追溯管理，最大程度降低医用耗材的使用风险。通过医用耗材项目的建设，在 60 个消耗科室（病区）实现医用耗材无人值守管理模式，每年可节约 4.38 万小时的人工管理时间、节约耗材库存成本约 264 万元。而在医院的智慧药房专区，借助智能化自动发药设备，调配一张处方的时间也由原先人工调配的 30 秒缩短到 8 秒，传统药架变成立体式医药柜，可以帮助医院节省空间。③

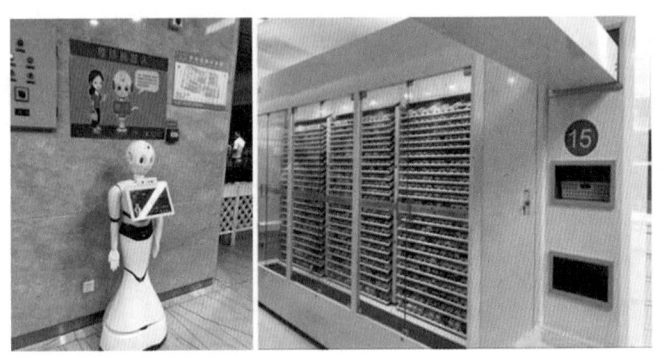

图 7—78　安徽省立医院智能机器人与智慧药房专区

---

① 《科大讯飞进军医疗　成为我国第一家人工智能医院》，https://www.sohu.com/a/166461547_694864.

② 《人工智能终与实体医院结合　安徽探索智慧医院之路》，http://www.sohu.com/a/167850805_452205.

③ 《安徽省立医院打造智慧医院　以人工智能改善医疗服务》，http://www.sohu.com/a/166305003_120802.

在人工智能辅助诊疗中心，通过建设胸部 CT 智能辅助诊断系统，只要点开乳腺钼靶影像，系统即可自动检查出乳腺病灶结节，而医生只需要在检查出的区域进行分析判断就可以完成诊断。一年来，该系统通过学习 68 万张肺部 CT 影像资料，已在该院 CT 室辅助医生诊断了约 11000 人次的 CT 影像资料，诊断准确率达 94%。

同时，通过使用"云医声"手机 App，医生可随时追踪掌握每位患者的病案信息和最新诊疗报告，随时随地快速制订、调整诊疗方案，口述查房记录，这能极大提高工作效率。目前省立医院的医生每天使用"云医声"千人次，登录电子病历、检验检查等各项功能页面约 5300 人次。

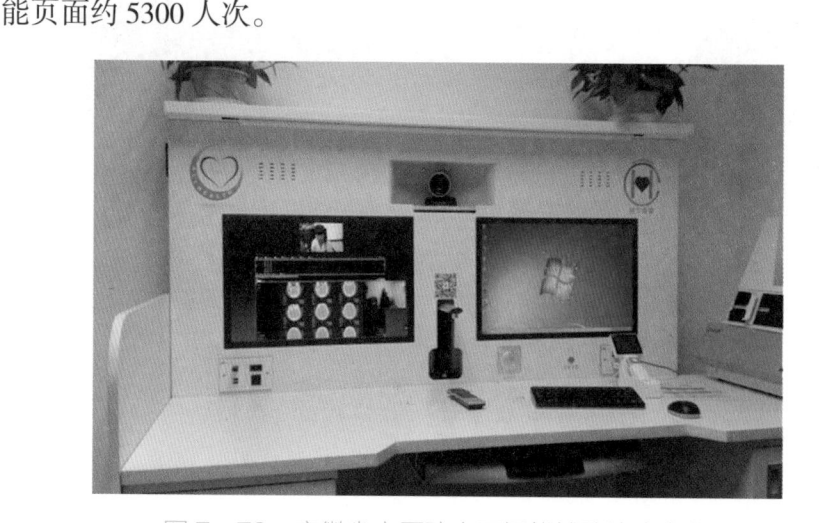

图 7—79　安徽省立医院人工智能辅助诊疗中心

案例五：医诺智能

医诺智能是国内放疗领域信息化技术、远程放疗技术服务的开拓者与领导者。商汤科技公司的智慧健康团队与医诺智能在肿瘤放疗治疗规划各流程的人工智能辅助方面进行深入合作。

商汤科技所研发的覆盖"诊—疗—愈"全程的人工智能技术，与医诺智能一起，从放疗规划中的 CT 模拟定位、正常器官自动勾画、肿瘤靶区（GTV）自动勾画、临床靶区（CTV）自动勾画、放疗计划设计和剂量计算、预后辅助评估等多个维度深度参与，通过人工智能技术有效地提高放疗规划的效率和质量，提高放疗的标准化与规范化，全方位、智能化地助力放疗临床医生和物理师。[①]

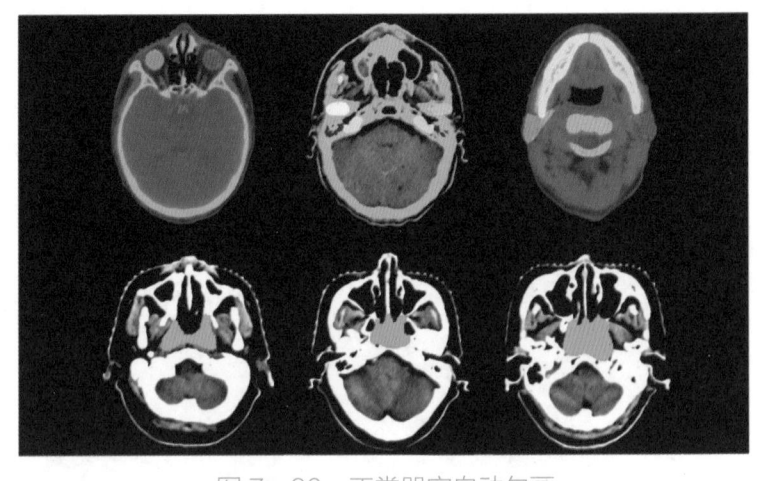

图 7—80　正常器官自动勾画

　　而与国际上放疗在肿瘤治疗中地位日益凸显形成鲜明反差的是，放疗在国内的应用还远远低于实际需求，当前中国肿瘤患者的人数为美国的近 3 倍，而放疗使用率却不到美国的 1/3。巨大的市场需求背后，是中国放疗物理师和放疗医师的严重缺口以及由此导致的基层放疗技术能力匮乏带来的发展瓶颈。基于此，医诺智能通过搭建远程放疗服务网络体系，不仅可以有效提升放疗医师的工作效率，还能让技术红

　　①《商汤与医诺达成战略合作　AI 赋能新时代放射治疗》，http://www.sohu.com/a/273837256_99963310.

利赋能基层，辐射到更多基层患者。目前，该项目的远程放疗服务网络体系已在广东、浙江、山东、重庆、贵州等地初步构建，在当地就可享受来自三甲医院的远程专家的放疗技术服务，造福当地肿瘤患者。

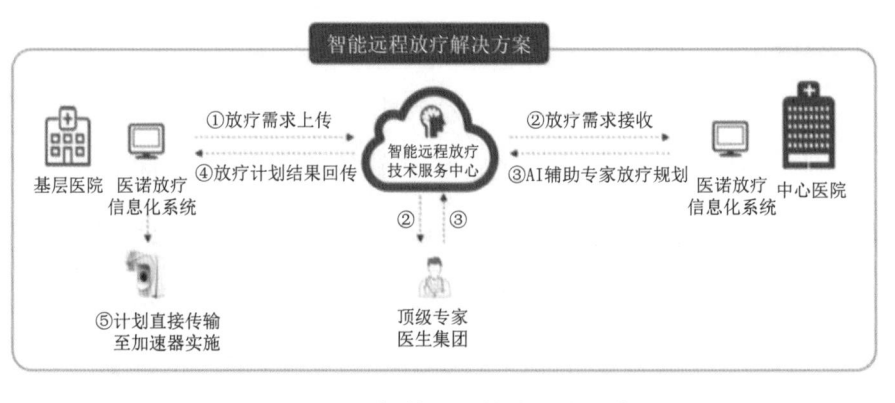

图 7—81　智能远程放疗解决方案

案例六：平安好医生

平安好医生是国内最大的一站式健康医疗生态系统提供商，致力于通过"移动医疗 +AI"，为每个家庭提供一位家庭医生，为每个人提供一份电子健康档案，为每个人提供一个健康管理计划。①

2017 年 9 月平安好医生投入 30 亿元专项资金，推出"现代华佗计划"，用于打造医疗 AI 产业链和服务链，赋能传统中医行业走向标准化与智能化，向亿万用户提供个性化、定制化医疗服务体验，提升就医体验。公司根据传统中医的望闻问切，相继推出智能舌诊（望）、智能闻诊（闻）、智能问诊（问）、

---

① 《平安好医生：移动医疗 +AI 模式将逐渐成为现实》，http://www.chinaz.com/news/2018/0315/864198.shtml?qq-pf-to=pcqq.c2c.

智能脉诊（切）。以智能脉诊领域的脉搏仪为例，用户仅需把手腕放入脉搏仪中，即可启动脉搏测试，测试完成后，仪器还会将测试数据传递至用户手机及系统云端中，辅助中医医生进行诊疗。[1]

而 AI 辅助诊疗系统是在集合了包含 29000 种获国际疾病分类临床认证的疾病的 3 亿多条在线诊疗及健康咨询数据的基础上，模拟中医门诊的诊前询问，收集患者病因病史，后台医生工作台收到 AI 智能分析结果后再进行综合分析和推理判断，最后智能系统还会根据患者体质推荐中药处方，供医生选择。此举可将医生从重复性、初级咨询工作中解放出来。AI 辅助诊疗系统运行以来的数据显示，好医生在线医生团队日均问诊量达到 53.1 万次，就诊效率不断提升，日均服务患者人次增加了 5~10 倍。[2]

图 7—82　平安好医生 AI 辅助诊疗系统与中医 AI "决策树"

此外，平安好医生联合了一批中医国医大师以及上海中医药大

①《平安好医生投入 30 亿打造医疗 AI 产业链和服务链》，https://med.sina.com/article_detail_103_2_32790.html.

②《目前智能闻诊系统听音辨病的准确率已非常高》，http://www.shlxfm.com/front/design/90192.html.

学曙光医院等多家国内知名中医研究机构组建了专家委员会，共同研发中医 AI 的"决策树"，让人工智能贯穿于中医治未病已病、中医保健、图像识别、健康管理几个层面。而在中成药剂研发上，平安好医生通过后台人工智能对于用户的精准画像，已经与固生堂等连锁中医药馆合作推出定制类中药膏方。[①]

图 7—83 平安好医生人工智能辅助诊断

---

① 《平安好医生的 AI 布局：三端口 30 亿元发力中医领域》，https://www.iyiou.com/p/54260.html.

AI+ 安防

安防监控作为人工智能最先大规模产生商业价值的领域，也成为许多人工智能技术研发公司的切入点。2012 年新兴产业发展规划的出台促使众多安防企业开始落地平安城市和智慧城市建设，另外，"天网工程""雪亮工程"等国家政策也整体推动了 AI+ 安防的发展，越来越多的人工智能和计算机视觉公司开始将安防领域作为其主要发展点之一。[①]

随着智能化技术的不断完善，主动应用和事前预警成为可能。人脸识别、异常行为分析、人数计数、音频检测等智能化应用明显显示出安防从将事后查证向事前预警前移的趋势，这些应用可以有效防止各类案事件的发生。而视频浓缩、视频摘要检索也全面提升了事后处理的效率和质量。此外，大数据应用下的云存储和云计算也在为构建新一代的数据中心和计算中心提供有力的保障。安防从传统模式大踏步迈入智能新时代，从 1.0 的"事后追溯""人防"为主升级为"实时监管"与事前预防、"技防"为主。[②]

---

① 《人工智能发展：AI 应用于安防行业历史发展及现状》，http://www.sohu.com/a/298152119_120069811.

② 《2018 年中国 AI+ 安防行业发展研究报告》，http://www.sohu.com/a/254956125_99900352.

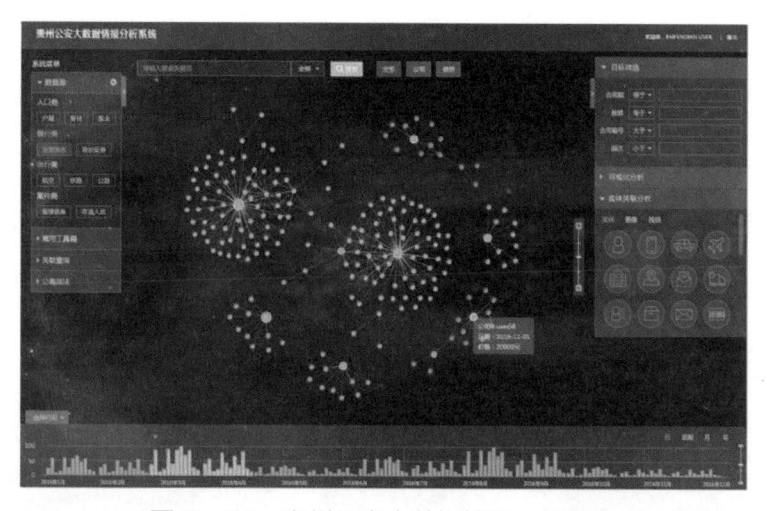

图 7—84　贵州公安大数据情报分析系统

案例一：衢州市政府

衢州市作为全国首批建设"雪亮工程"示范城市，坚持与智慧城市建设统筹谋划，高水平推进"雪亮工程"项目建设。按照顶层设计最优、技术路径最优、平台应用最优要求，确定"四网一大脑"项目总体框架，谋划综治工作十大应用、公安六大应用，通过"城市数据大脑"多数据融合计算，实现视频智能化和大数

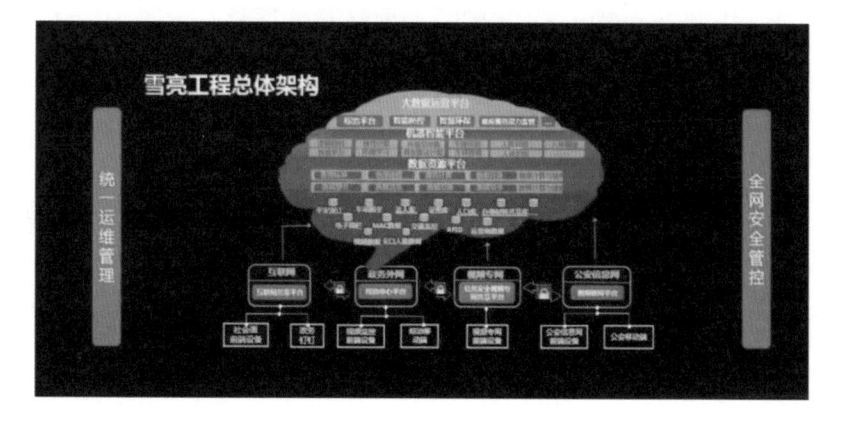

图 7—85　雪亮工程总体架构

据应用。①

在"中心 + 大脑"方面，衢州市完成市综治大联动中心和 6 个县（市、区）、2 个开发区综合指挥中心及 103 个乡镇街道综合指挥室建设，搭建职能明晰、系统集成、平台联动综合指挥体系，依托"城市数据大脑"全域感知、即时告警、分析预警等功能，全面提升实战指挥协调能力，并与省级视频共享平台实现对接。②

图 7—86　衢州市大联动中心

在"整合 + 新建"方面，衢州市开展存量资源大排查，对原有一类点位 14000 路、二类点位 13500 路予以整合，新建一类点位 6000 路、三类点位 10000 路，配备无人机、AR 智能眼镜等前端设备。同步进行人脸及车辆卡口、RFID、物联网数据整合，形成覆盖面更广泛、触角更灵敏的全域感知系统。

在"平台 + 联网"方面，衢州市组建市大数据中心和云计算中心，专门部署对 54 个部门数据的归集，推动已建新建 15 个在线监测平

---

①《衢州"雪亮工程"示范城市项目建设经验在全国推广》，http://www.qzql.gov.
cn/news_info.aspx?newsid=10826.

②《今天　衢州"雪亮工程"在北京又一次雪亮》，http://www.qz123.com/Share/
shares.aspx?guid=e2f6ada6-35cf-4c7d-89b3-c2b0c925d758.

台和系统接入综治（大联动）中心。目前，数据和视频全部进入城市数据大脑，数据共享交换平台 54 家市级部门 29 亿余条数据已实现共享；视频共享平台 5.2 万余路视频实现联网共享、统一调度。

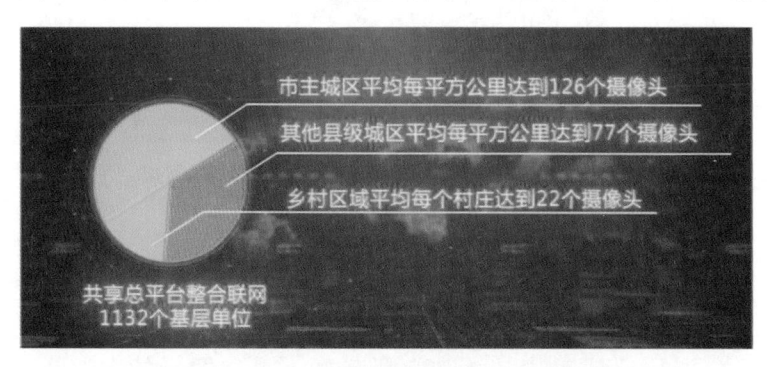

图 7—87　广覆盖高灵敏的全域感知系统

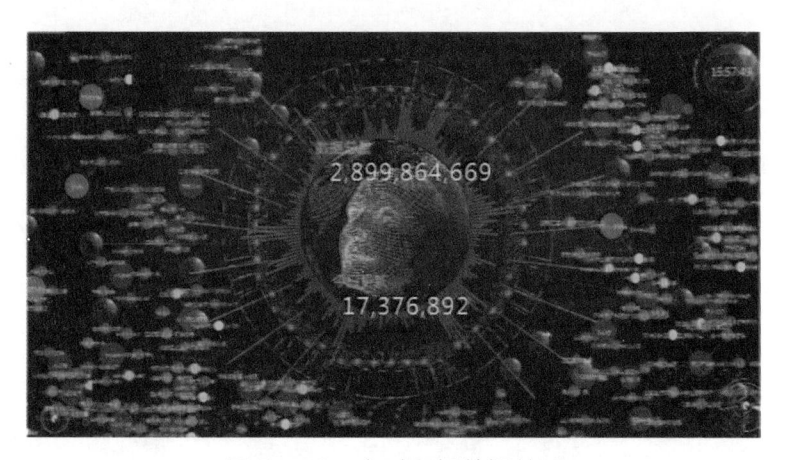

图 7—88　实时更新数据总量

此外，衢州市的"雪亮工程"项目还支撑网格化管理，能够实现辖区视频统一调度使用；网格员手持移动终端实现视频调阅，信息采集、事件处理等工作可视化；普通群众通过平安浙江 App、"村情通"等信息采集移动终端上报信息，形成"天眼""网眼""众眼"三位一体的立体化防控体系。并且政府还能利用视频监控对火灾、汛情、地质灾害、铁路护路等险情隐患监测，开展寄递业、加油站等重点行业、场所常态化平安检查。

图 7—89　衢州"雪亮工程"的网格化管理

而数字城管指挥中心为环保、城管、水利等有关部门提供覆盖面更广的视频资源和技术支撑，其中，综合行政执法部门通过"雪亮工程"视频处理违法行为 700 余起，占总办案量的 30%；远程干预派单处置违章行为 6 万余起；开展全省"非接触性"执法试点工作共办理案件 15 件，有效提高了工作效率。2018 年以来"雪亮工程"帮助衢州公安机关侦破交通事故逃逸案件 96 起，抓获公安部网上逃犯 7 名，78% 以上案件均利用视频监控侦破。刑事发案 2018 年与 2016 年同比下降 27.4%。

图 7—90　衢州市数字城管指挥中心

在春节、元宵灯光秀活动、衢州市国际马拉松大赛等重大活动期间，"雪亮工程"570 路视频实时结构化能力集中调度布防于活动场所周边，形成多层保卫圈，进行即时分析预警和人体人脸车辆抓拍，全面保障了活动安全顺利。

图 7—91　重大活动期间的智能视频实时分析

案例二：上海长宁中山公园商圈

深兰科技在上海长宁中山公园商圈上线了智能巡警机器人，这个搭载了人脸识别、机器视觉、自动驾驶、语音交互、导航定位等多项人工智能前沿技术的机器人头顶装有两个智能摄像头，看到可疑的犯罪分子时，自动拍照并追踪，实时监控，还会说话警告对方；同时，机器人配备了 4 个轮子，可在街上自由活动。此外，该巡警机器人可以 24 小时待工且能够 360 度无死角监控，还具备自动充电、地图扫描、路径自动规划、智能选择巡逻的区域，功能非常强大，可以弥补热门商圈警力不足等传统安防领域的问题。而且在夜间或雨雪等复杂天气下，人流量较少、犯罪活动潜发，相比于人力和智能监控摄像头，巡警机器人可以更加灵活地运动，拥有的智能预警功能，可在第一时间处理突发情况，并起到威慑坏人、预防犯罪的目的。[1]

――――――――――――

[1]《长宁中山公园出现巡警机器人》，http://city.eastday.com/gk/20180827/u1ai11764803.html.

图 7—92　深兰科技的智能巡警机器人引来路人围观

案例三：永州市公安局

2018 年 7 月依图科技与永州市公安局签署战略合作协议，双方成立联合实验室，以人像识别为基础，共同探索与推动智慧警务应用的发展与创新。基于依图科技先进的人工智能技术，结合永州公安成熟的人像应用经验，双方将搭建起一个公安人像系统建设及深度应用与创新的平台，培养懂技术、懂行业应用的复合型人才。①

2017 年至 2018 年，永州公安充分运用依图科技最新成果，大力加强人像系统建设运用，采用国际一流、国内领先的人像识别算法，建成目前全国最大的市、县、所三级联动人像识别应用基地，在追捕逃犯上追根溯源发挥"照妖镜"作用，在侦查破案上一锤定音发挥"撒手锏"作用，在治安防控上预测预警发挥"千里眼"作用，推动永州公安工作由汗水警务到智慧警务、传统警务到现代警务的转型升级。永州公安在人像技术应用的实战水平已走在全省乃至全国地市公安机关前列。

①《依图科技与永州公安成立联合实验室　共建全国人像应用标杆基地》，http://m.sohu.com/a/244460115_675966.

　　永州公安采用其科技技术，建成了国内首个市县所三级联动的城市级人像大数据系统，建设规模达到 5000 路。系统自 2017 年 9 月上线运行以来，已经协助破获刑事案件 1595 起，占全市破案数的 35.29%。

AI+ 制造／工业自动化

制造业是一个高度复杂的产业，一件产品少则有数十种原料投入，多则由数百万零部件构成；生产同一个产品，不同企业具有不同的生产工艺、生产设备和零部件投入。与此同时，劳动力成本的大幅上升，导致中国制造业相对优势下降，从 1990 年至 2017 年，中国制造的平均工资增长 27 倍，制造型企业面临着人口老龄化的同时，还得经受新生代对制造业接受度降低的尴尬局面。而通过分析可以得知，有些项目的成本很难降低，例如原材料、水电费、设备、管理费用等，而人力成本以及生产损失在现阶段可以成为企业降低成本的突破口之一。①

人工智能的发展可以促使科技公司基于卷积神经网络的人工智能检测系统，解决对柔性物体和部分有遮挡物体的准确检测、外观缺陷检测及变动背景特征提取等业界痛点。通过利用人工智能检测工业产品，对检测环境的光源色温、亮度变化、遮挡、阴影、照片背景等无特殊要求，可在光源、摄像头选型、集成设备等环节大幅降低 30%~50% 的硬件成本，一周 7×24 小时工作也使生产效率大

---

① 《从制造到智造，工业 +AI 的本质是"人机协同"》，https://www.31fabu.com/industry/201909095795.html.

幅提升。[①]

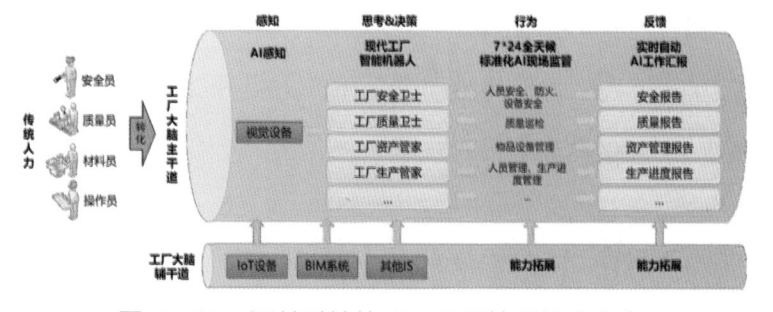

图 7—93　深兰科技的 AI+ 工厂管理解决方案

　　科技公司可以通过记录不同的错误出现概率，追溯到具体的生产环节，甚至具体到这个生产设备出现的具体问题，由此提供改进型的建议，为形成有感知的工厂进一步升级。与此同时，企业还可以分析这些数据，有针对性的进行预测性的检维修，对设备参数学习建模，实现对设备状态异常预警。科技公司可以做到与原有的系统相结合，同时也有能力承包集成完成实时数据、业务数据、文件数据等的分类分层，达到数据的统一入口、统一管理、统一出口及应用，通过数字虚拟仿真实现生产全程的智能管理。[②]

　　相较于金融、商业、医疗行业，人工智能在制造业领域应用潜力被明显低估。SAP 通过对中国 2015—2018 年最大的 300 项人工智能投资项目进行分析，结果显示，制造业相关的人工智能投入不到 1%，而制造业恰恰是人工智能应用场景最具潜力的区域。有研究发现，人工智能的使用可降低制造商最高 20% 的加工成本，而这种

　　①《集装箱残损识别——百度 AI 市场》，https://aim.baidu.com/product/deeb0fc3-6537–4595–b583–1dcb9198b74b.

　　②《人工智能 + 制造　产业发展研究报告》，https://max.book118.com/html/2018/0625/ 8065017141001112.shtm.

减少最高有 70% 源自于更高的劳动生产率。到 2030 年，因人工智能的推动，全球将新增 15.7 万亿美元的 GDP，中国就占 7 万亿美元；到 2035 年人工智能将推动劳动生产力提升 27%，拉动制造业的 GDP 高达 27 万亿美元。

案例一：某航空机械厂

深兰科技提供的航空机加工件外观缺陷检测解决方案对直径范围在 60~100 厘米圆环状机加工件进行表面粗糙度超标、机加毛刺、机加接刀痕、线切割过切、零件碰伤、折叠、机加后残余黑皮、开裂、机加工崩刀痕等外观缺陷的检测，待检产品多达 130 款。通过环绕式相机设计，搭配限位滑轨与云端质检系统，可以检测安装孔数量是否对应设计原稿、横梁上所有螺母螺栓防漏检测以及重点部位漏焊检测等事项。①

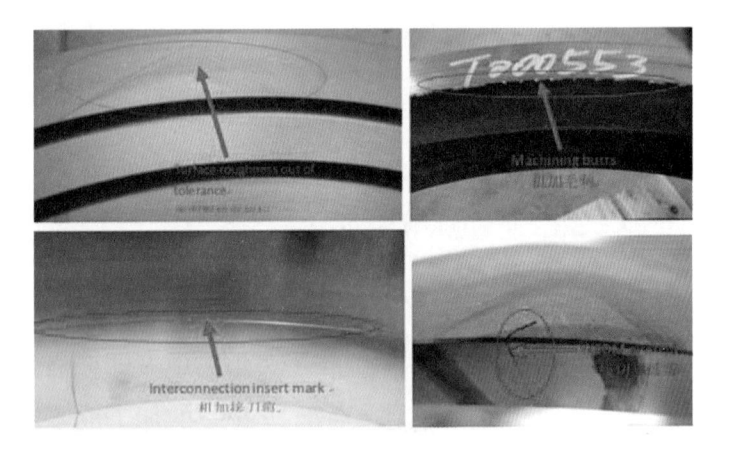

图 7—94　金属产品外观缺陷检测

---

①《让机器看懂世界　深兰科技斩获 CVPR 2019 细粒度图像分类挑战赛冠军》，https://www.deepblueai.com/news/321.html.

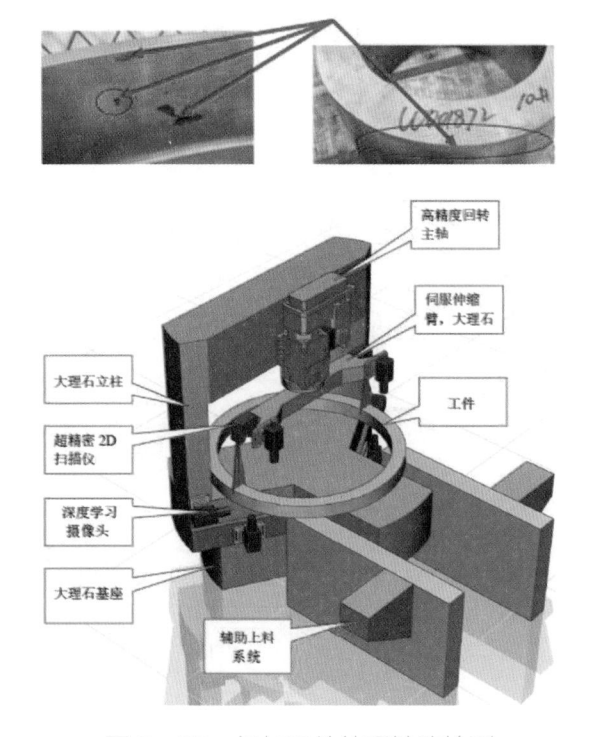

图 7—95 机加工件外观缺陷检测

案例二：阿里智慧淘工厂

传统制造业工厂交期不准，管理制造水平低，很难做到面对新零售市场的小单快速反应以及控制产能柔性。阿里云 IOT 打造的"智慧淘工厂"，致力于解决生产流程可视化，提升客户满意度及买家对淘工厂的信任度，增加数字化工厂的接单量。①

精益生产的前提是拥有生产数据，传统的生产数据搜集是通过 RFID 和扫条码的方式，不仅使人工效率低下，而且耽搁生产进度。"淘工厂"选择了轻量化、低成本、低侵入式的数字化改造，二十

①《寒武纪首次展示的应用案例精选如下，先睹为快！》，http://www.elecfans.com/d/920985.html.

几个摄像头便可以在不干扰工人生产动作的前提下完成整个生产流程的监测和数据收集，而且本地处理成实时数据反馈到工厂老板的手机上。[①]

除此之外，"淘工厂"打造的这一套系统拥有可持续性优化的特点。刚上线时准确率不是最优化的，人工智能通过对这家工厂的数据不断上线来形成自我优化，最终提出最优的生产解决方案，只有这样，小工厂才能够经得住改造，这也是"淘工厂"推出这套系统的关键点。

而寒武纪的人工智能芯片则为其提供了强大算力，支持最高 32 路视频实时分析处理，并反馈分析结果到"淘工厂"平台，助力新生产力革命。而工厂智能化改造、工厂与供应链的智联、制造与消费端的打通是实现智能制造的三个关键点。

图 7—96　阿里智慧淘工厂的生产流程可视化

①《新制造的三步棋　阿里淘工厂做对了什么？》，http://www.sohu.com/a/258201665_129010.

AI+ 通信运营商

市场研究机构 Tractica/Ovum 在对 30 个领域近 300 个真实的人工智能应用场景进行的研究表明，资本和劳力密集型的电信领域在人工智能技术方面尤为积极，尤其在加快跨业融合、提升行业价值方面。基于云管端和大数据应用等方面的优势，电信运营商处于信息网络和泛连接的最前沿，借助在信息化应用和大数据方面的能力与经验，运营商可以运用技术和资源优势参与到人工智能的研发领域。[①]

电信运营商还拥有人工智能商业化所必需的资源。在技术层面，提供海量运算和存储的平台"云"服务；提供高带宽、低时延、大规模的连接"管"服务；提供能够承载各种场景应用的"端"产品。在大数据应用方面，运营商还拥有用户的消费习惯、终端信息、ARPU 的分组、业务内容、业务受众人群、人群流动轨迹、地图信息等资源。同时，凭借自身优势以及多年来在信息化应用和大数据方面积累的能力与运营经验，运营商可以充分运用技术和资源优势参与到人工智能的研发领域。[②]

---

①《电信业将成最大 AI 市场运营商 "云管端"差异化优势显现》，https://baijiahao.baidu.com/s?id=1615288626666386372&wfr=spider&for=pc.

②《5G 支撑看浩鲸——运营商 5G 商业使能之无处不在的 AI》，http://www.c114.com.cn/ai/5339/a1103518.html.

案例一：中国移动

中国移动目前是全球网络规模最大、客户数量最多、盈利能力和品牌价值领先、市值排名位居前列的电信运营企业。在人工智能方面，中国移动建立了九天平台，主要应用于智能客服深度学习平台、智能营销机器人、网络智能化等。该平台一方面深入电信行业，聚焦于运营商的市场运营、网络还有服务等应用领域，同时面对垂直行业，以应用场景驱动的方式提供端到端的人工智能应用解决方案和实施；另一方面是面向人工智能应用研发人员、企业等提供开源 AI 能力的服务，用户可以通过远程 API 形式服务，也可以通过本地部署 SDK 方式以便提升人工智能能力。[①]

中国移动在线服务有限公司是中国移动通信集团公司下属的专业化子公司，成立于 2014 年 10 月。公司长期以来都在探索研发新型的数字化产业设备帮助其拓宽专业化服务能力。目前，主要面向移动客户提供互联网服务、呼叫服务等。

商汤科技与中国移动在线联合研制开发的身份验证一体机，具备身份证信息读取和人像比对验证功能，帮助中国移动全国线下营业厅业务办理实名验证服务。只要用户有身份证，并且手机能支持支付宝与微信支付，就能够实现免人工客服办卡，整体过程非常流畅。一体机设备能快速正确读取身份证芯片信息，调取摄像头现场抓取人脸照片，通过算法进行人脸比对，同时正确判断是否为同一人。不仅如此，商汤科技的屏幕提醒用户操作流程，提升客户运营效率

---

① 《运营商 AI 能与不能》，https://wenku.baidu.com/view/ac7e95bb8ad63186bceb19e8b8f67c1cfbd6ee6b.html.

的同时大大提升了用户体验，尤其为老人、行动不便的人提供了方便。而用户在签署办卡协议并支付后，一体机下方将支持输出一张办理好的电话卡，由于支持自选号码，能够完美替代人工客服办理，整体时间只需要两分钟不到。①

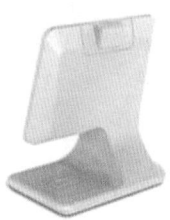

图 7—97　中移在线身份验证一体机

另外，商汤科技与中国移动在线联合研发的智能门禁设备，采用创新的双目活体及比对算法，同时支持刷脸、刷身份证、刷工卡模式，为客户提供准确、快速、可靠的进出服务。②

同时，旷视科技依托自主研发的顶尖深度学习算法和人脸识别技术，提供的智慧零售解决方案帮助中国移动营业厅统一管理客户底库，建立完备及可扩展会员底库的补全机制。在感知、验证、安全等领域提供人工智能技术加持，将中国移动的客户关系管理系统（CRM）与经营分析系统对接，帮助用户实现线下数字化实名，并通过补充线下数据来进行大数据分析来实现精准营销，能更加具体地描绘 360 度客户画像。有效增强了线下营业厅内的客户黏度，业务受理分流效率大幅提升，同时还能充分利用客户在营业厅内排队

①《中国移动展示机器人办卡客服》，http://www.sohu.com/a/206194053_114760.

②《2019 年人脸识别行业市场前景及投资机会研究报告》，https://www.docin.com/p-2269133694.html.

等待时间促进 3C 转化率。目前该智能零售方案已在国内 10 家移动营业厅上线使用。

图 7—98　中国移动智能数码店

图 7—99　中国移动营业厅的客流智能分析

案例二：上海电信

中国电信通过建立灯塔平台，赋能智慧家庭、智能客服、用户身份识别等应用领域，该平台的主要服务对象包括安防、金融、教育、自动驾驶、医疗影像诊断、AI 音箱和智慧畜牧等方面，力争将数据资产转化为 AI 生产力。

2018 年 12 月上海电信的首个智慧营业厅升级完工，其空间格局被划分为入口咨询区、智慧家庭体验区、终端展销区、服务休闲区、业务受理区、缴费区、合作区、十全服务区、自助服务区9个功能区域，方便顾客享受到全业务自由式体验。①

在入口咨询区，取消了人工咨询台，通过智能识客与智能引导系统为用户服务。在加载人脸识别系统后，高星级用户进厅后服务人员就会第一时间收到用户的信息，从而主动为用户提供贴身的顾问式服务，并通过移动受理工具完成业务办理，无须再排队等候，上柜办理，大大节省用户的时间。

同时，该智慧营业厅还增设了云货架和智能组网产品，通过模拟家庭布局，将产品融入家庭场景中，实现虚拟场景化的智能导购。智能组网通过 AR 技术被展现出来，展示区的大屏幕中有附近小区的房型图，客户只需按照自家的房型点击屏幕，就可看到实情场景，点击相应房间位置的商品即可查看该商品信息，拿起手机扫描二维码就能实现一键订购。比如客户为房间选择五个智能组网产品，通过拖移智能组网产品进房间，即可对无线网络覆盖效果进行评估，系统会通过热力图形象地展示智能组网产品覆盖的区域。当客户选择最佳方案后，便可一键下单。

在终端展销区，当有客人拿起一款手机时，旁边的显示屏就跳出了相应的视频和图片，全方位展示商品价格、详情、使用方法等，帮助用户进行选品，通时也方便营业员了解客户喜好，引导用户选择合适的产品。

---

① 《中国电信上海公司首个智慧营业厅正式营业》，https://baijiahao.baidu.com/s?id=1621166853597013481&wfr=spider&for=pc.

建设升级智慧营业厅后，上海电信的销售服务流程被重构，通过客户画像大数据进行智能识客，将客户需求和营销策略进行精准匹配，在店内实现展销一体，缩短用户等候时长，提升店面运营效率。同时，统一门店标准化形象布局，可以帮助上海电信由传统卖场向体验型、科技型门店转变，吸引年轻客流。

图 7—100　上海电信智慧营业厅

图 7—101　上海电信智慧营业厅各功能区域

AI+ 供应链

如今，在庞大的网络、用户、商品前提下，只靠人的计算已经很难满足精细运营管理的需求了，所以人工智能在整个供应链中的作用越来越重要。因此在大数据应用的基础上，进一步使用机器学习等人工智能手段，搭建智能仓储。通过对服务水平要求、供应商送货提前期、安全库存分析等一系列参数的学习和模拟，结合基于大数据机器学习的销售预测模块，实现了自动化的商品采购下单、调拨和滞销清仓。[①]

例如在采购环节，从交期、产能、区域、擅长品类等的因素建立综合分析模型，系统自动建议当前最合适的打样/生产的供应商。越来越多的公司正在尝试用这种方式解决采购环节存在的一些实际问题。而在翻单环节，通过大数据技术进行智慧选款，从海量商品中挑选出潜在爆款；以机器学习与统计学相结合的方式设计预测模型和补货模型，结合大数据技术实现海量数据的内存式预测和补货计算，可以预测未来每天的每个区域的销量和备货量，实现智能化自动补货，既能准备把握服装企业的爆款，给公司带来最大化的利益，又大大节省了人力成本。

---

① 《供应链"快马加鞭"的"快时代"迎来了"田忌赛马"的"智应用"》，http://m.sohu.com/a/231686180_100093760.

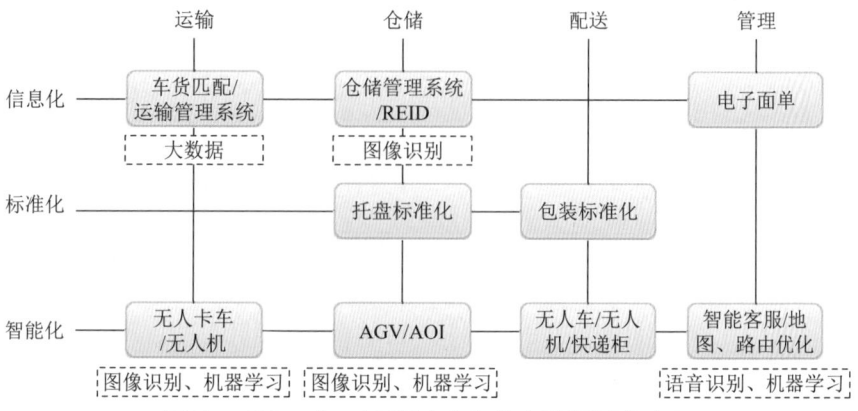

图 7—102　人工智能技术在供应链领域的应用

因此，人工智能的出现给供应链的升级改造带来了三个机会，首先，会逐渐减少甚至消除仓库的管理，设计好的供应链，管理起来会很有效率；其次，人工智能会把数据转化到前端，数据赋能可以对产品和供应链的设计提供很好的规划；最后，当工人收到指令，可以通过指导供应链，对其作业工作情况进行反馈。①

案例一：科捷物流

北京科捷物流是神州数码控股旗下公司，是一家以物流为场景的大数据科技公司。公司凭借自主研发的 X-DATA 大数据应用平台，可对供应链各环节进行数据监控和数据挖掘，用"仓 + 大数据 + 人工智能"的新物流模型打造新零售时代下的新物流生态。②

在实施周期短、承担故障风险大的情况下，科捷物流仓库引入旷视科技的机器人操作系统进行智能搬运解决方案，实施"人机共舞 2.0"

---

① 《从区块链到人工智能，工业 4.0 下的智慧供应链将走向何方？》，http://www.sohu.com/a/208365636_485557.

② 《科捷物流：科技赋能供应链　大数据助力"单末下货先行"》，https://new.qq.com/omn/20181221/20181221A18DEK.html?pc.

仓储运作模式，实现收货入库、货物上架、补货下架、补货上架、制单合单、订单分拣、复核、质检包装、交接出货一体化运作，人机协作极大提高生产效率。"人机共舞"方案在短短几个月内投入运营，并且运营效果非常显著：节省了40%的人力，仓储占地面积节省了50%，日发货效率提升了一倍以上。双方已合作连续挑战两个"双11"和多个大促销，奠定了科捷物流在国内仓储机器人的技术应用领先地位。[①]

图 7—103　科捷物流机器人智能搬运操作系统

案例二：心怡科技

旷视科技公司与心怡科技融合各自在供应链管理、大数据系统、人工智能等领域的产业资源及优势，完成了制造和物流体系从自动化到智能化的转型，构建以客户为中心的可靠、高效、动态的生产和物流流程。打造了亚洲最大的500台机器人智能仓，实现"双11"当天拆零出仓8万多箱，刷新了单仓机器人集群作业行业纪录，有效节约总体运营成本20% ~ 30%，减少货品损坏率30% ~ 40%。[②]

图 7—104　心怡科技机器人智能仓

①《揭秘科捷物流智慧仓储系统，艾瑞思机器人尽显"黑马"体质》，http://tech.ifeng.com/a/20171220/44812227_0.shtml.

②《心怡科技机器人实验室 Robotics A 聚势启动》，http://www.enet.com.cn/article/2018/0319/A20180319044311.html.

AI+ 文娱

根据工信部信息中心 2018 年发布的白皮书，泛娱乐产业已经成为数字经济发展的重要支柱，2017 年全年的泛娱乐核心产业产值约5500 亿元，占数字经济的比重超过 20%。人工智能拥有的算法、计算和数据可以更好赋能在文娱产业的前景发展中。目前，围绕智能影像生产技术为核心的解决方案已在各大综艺节目、影视剧中得以广泛应用，有效整合了大文娱产业产制播各平台资源，即利用人工智能技术与计算机视觉技术进行影像智能化、批量化的生产，利用以卷积神经网络为代表的深度学习算法对图像及视频结构化处理，

图 7—105　人工智能技术在文娱视频领域的应用

通过视频内容的识别与标注，形成海量的内容数据库，帮助提升用户观看体验的同时，还能把用户可能感兴趣的场景与物体等跟

广告产品进行关联，挖掘其蕴藏的巨大价值。[①]

案例一：海信电视

海信是国家首批技术创新示范企业，国家创新体系企业研发中心试点单位，国务院国资委和中宣部共同推举的全国十大国企典型之一，曾两次获得"全国质量奖"。海信继 2016 年便成为欧洲杯顶级赞助商，于 2017 年 4 月 6 日宣布成为 2018 年俄罗斯世界杯官方赞助商。

海信采用商汤科技的互联网广电视频结构化解决方案后，能实现全场景实时图像搜索，能分析识别视频内容中出现的娱乐明星及体育明星，同步给用户提供明星资料背景、相关视频内容的推荐及明星周边商品的推荐，给海信用户带来了更方便的电视观看体验。

相比语音交互设计，全场景实时图像搜索更快。当电视播放画面时，按下遥控器小聚键，画面自动开启画面截图分享和图像识别功能，其信息搜索支持 20000+ 明星、1000+ 电视台台标和 4 级复杂程度二维码识别，物品识别准确率高达 99%。世界杯期间该智能电视还增加对体育明星的图搜功能，用户观看世界杯不仅可以一键搜索球员信息，还可以享受相关球员资讯、同款购物等多场景图搜服务。[②]

智能电视时代，电视内容服务核心主要是在线视频业务。海

① 《泛娱乐产业占数字经济比重超过五分之一》，http://www.sohu.com/a/225920647_100122964.

② 《世界杯看电视：低智的交互千篇一律　有趣的图搜万里挑一》，http://baijiahao.baidu.com/s?id=1598887554499443885&wfr=spider&for=pc.

信人工智能系统打通了用户衣食住行娱 34 大类上百种主流生活场景服务，让电视不再是简单的影音服务，外卖、翻译、打车、酒店、机票预订、购物、百科问答等主流生活服务均可在电视端实现。①

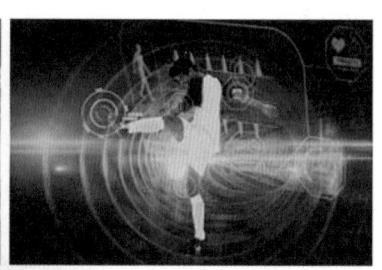

图 7—106　海信电视全场景实时图像搜索

案例二：TCL 电视

TCL集团是全球化的智能产品制造及互联网应用服务企业集团，是全球领先的智能互联网电视品牌之一，陆续推出了互联网品牌雷鸟电视、X5 原色量子点电视等。

①《海信：人工智能电视需打通用户生活圈》，https://baijiahao.baidu.com/s?id=1591198690155991271&wfr=spider&for=pc.

在智能电视行业群雄逐鹿，用户多元极致化需求与日俱增的大时代下，商汤科技为 TCL 智能电视提供了互联网广电视频结构化解决方案，将视频内容解析出多维度标签（如场景、事件、物体、人物、服饰等），为 TCL 电视等智能硬件平台提供如视频推荐、内容搜索、精准广告投放等 AI 智能化个性化的用户体验。例如用户可以用智能电视查询天气、播放音乐视频、控制视频进度，搭载的人工智能还可以深度分析用户的观影习惯，自动推荐感兴趣的内容。甚至，智能电视在播放视频的过程中可以自动识别播放场景，并根据场景变化自动调节屏幕色彩、声音效果，带来更沉浸式的视听体验。①

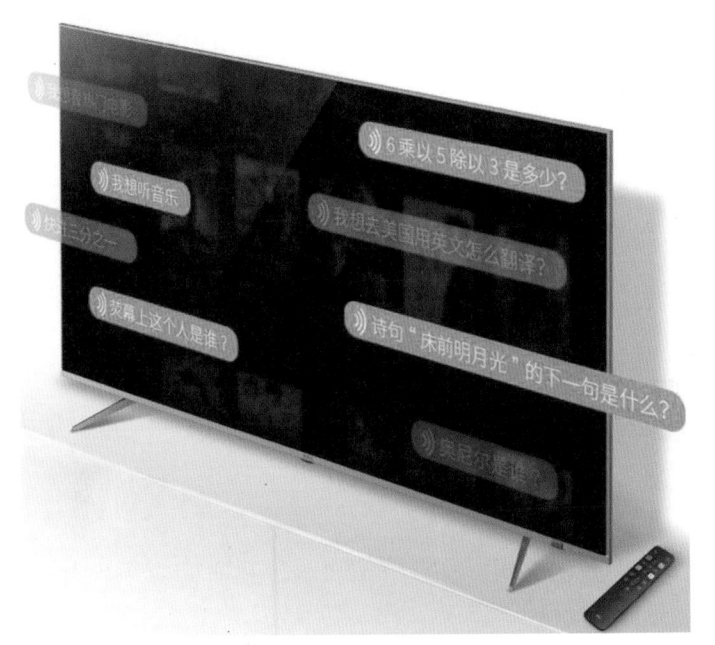

图 7—107　TCL 智能电视超级语音功能

---

①《TCL 人工智能电视，从消费者角度出发，更为强大实用》，https://baijiahao.baidu.com/s?id=1628151182858041232&wfr=spider&for=pc.

而在全场景超级语音功能领域，TCL智能电视可以无须遥控器，实现开机与关屏状态下的 AI 唤醒，并可以最多六轮连续人机对话，能记忆、懂语境，可以精准理解用户意图。基于语义理解和自然语言交互技术，用户能通过对话来查询股票，打开系统内游戏、数学计算、设定闹钟、日历提醒、翻译古诗词、智能家居控制、视频通话等操作提升用户使用体验。

AI+ 农牧

我国生猪养殖量占世界生猪总养殖量 56.6%，猪肉在中国国内肉类产量和消费量占比均超过 60%。据统计，2017 年中国生猪饲养产值接近 1.3 万亿元。而 2019 年中央一号文件提出实施包括智慧农业在内的农业关键核心技术攻关行动。[1]

当前，我国牲畜养殖行业存在着诸多痛点：

疫病风险居高不下：我国生猪平均死亡率高达 10%~12%，而发达国家低于 5%；

生产效率较低：我国生猪出栏率、产肉量、PSY（每头母猪每年所能提供的断奶仔猪头数）等指标与美国相比有着较大差距；

养殖场管理效率低：规模养殖场生产环节多依赖人力，缺乏有效的人员监管和责任追溯方法；

缺乏有效环境监测工具：许多养殖场存在着不同程度的环境控制问题，影响生猪的生产力和养殖场的可持续发展；

养殖成本高：我国的肉料比（饲料成本占总体饲养成本）的 70%~80%，远高于发达国家，养殖场普遍对饲料选择、用量、饲喂方法等缺乏科学性。[2]

---

[1]《预计 2018 年中国生猪养殖规模跌破 8000 亿元，生猪养殖规模可能会进一步的减小》，http://www.chyxx.com/industry/201811/695634.html.

[2]《猪场环境控制存在的几个问题及措施》，http://www.soozhu.com/article/376182/.

智慧养猪通过运用人工智能、大数据、物联网、区块链等新兴技术及现代化先进管理理念，驱动生猪养殖产业的智能化、数字化，帮助养殖企业改善养殖模式，把高速度增长提升为高质量增长，最终实现产业升级。①

智慧养猪解决方案			
创建猪只 ID	猪场环境监控	科学饲喂	异常行为监测
生产管理追溯	疫疾防重于治	优化饲养方案	节省兽药开销
食品安全追溯	提升猪肉品质	提高 PSY	降低猪场损失
综合以上技术实现现代化科学管理，降本增效			
开放式系统平台，简易化操作运维，链接智慧养猪无限可能			

图 7—108　深兰科技公司的 AI+ 智慧养殖解决方案

案例一：四川某地政府部门

四川某地政府部门与深兰科技合作，通过牲畜数量盘点、异常行为视频监控、牲畜体重估算、疾病预警、气象周度报告来收集统计季度销售情况、养殖及出售牲畜情况、价格浮动情况、省外价格对比及上下游产业链情况等数据、内容，并输出分析报告。

平台通过在线数据挖掘和产业形势分析，预测国内其他省市猪肉价格变化趋势，提出品种优化及区域布局的建议及对策，帮助相关部门优化养殖布局、集中优势产地。同时，通过建立气象报告输出、灾害预警及评估模型，为当地农民提供精准的气象灾害预警，并通过人为手段控制养殖环境内温度等指标，降低农民的养殖风险，同时为产量预估、价格预测提供数据支持。而结合地方试点监测猪

① 《AI 养猪新模式或将驱动整个养殖产业的智能升级》，http://www.pig66.com/2018/145_0723/17619717.html.

肉产销数据，建立供需平衡和产销结构数据体系，为产业从业者提供决策支持，避免出现同类商品扎堆上市、恶性竞争及骗保等现象的发生。

图 7—109　猪脸识别功能

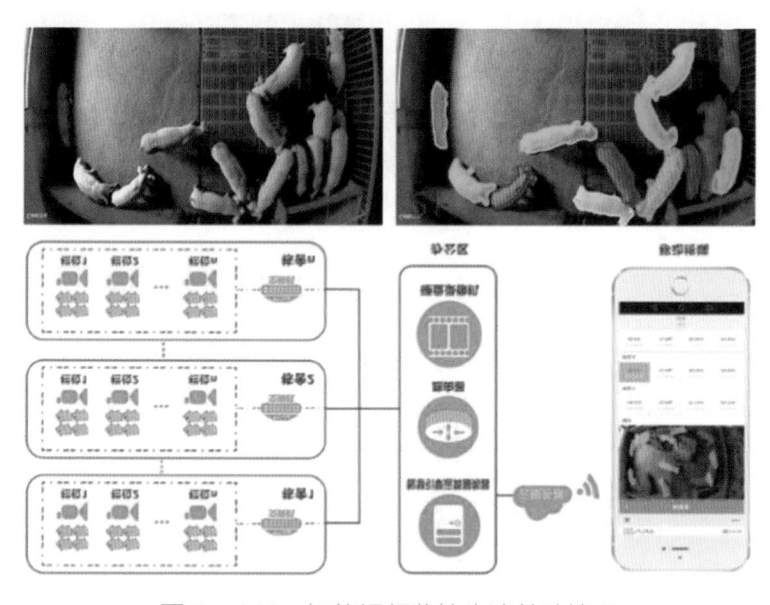

图 7—110　智能视频监控生猪养殖情况

案例二：中国平安财产保险股份有限公司德阳中心支公司

生猪保险是妥善解决生猪生产问题、稳定猪肉产品市场的重要措施。随着养殖户保险意识的越发增强，相关保险的规模不断增大，投保猪只身份确认、快速定损、精准理赔是当前生猪保险工作中亟待解决的问题。针对这一问题，2019 年 6 月中国平安财产保险股份有限公司德阳中心支公司与深兰科技达成合作。该科技公司为其高效搭建智慧农险管理平台，通过创新的猪行识别追踪技术和耳标与物联网技术，帮助平安德阳中心快速收集猪只信息，降低人力成本，提高管理效率；并在家禽出现异常体温等情况及时告警，有效降低农户生产损失。此次合作以某地为试点逐步推广至全国，通过增加数据训练强度，优化算法，现已累积大量数据，并逐步与政府职能部门对接，达到信息共享，多方联动的目的。

图 7—111　平安养殖场智能监管系统

AI+ 环卫

伴随着我国城市化增长速度的放缓，城市发展的关注点从增量转向质量，这样就意味着，曾经只有少数城市面临的拥堵、污染、安全、管理等城市化问题，现在已经成为大多数城市亟待解决的难题，我国城市的精细化管理需求日趋紧迫。在"互联网+"的时代背景下，互联网的运用早已渗透到交通、能源等行业的方方面面，环卫行业看似一座互联网还未登陆的孤岛，殊不知它的面貌已向智慧环卫悄然过渡。环卫行业是典型的传统行业，以废弃物的减量化、资源化、无害化为宗旨，但忽视了废弃物本身携带的庞大数据信息。利用前沿的云计算、大数据、物联网等技术，通过整合信息搭建平台，将有望实现传统环卫向智慧环卫的转型。[1]

据相关数据统计，目前我国现阶段 31 岁至 49 岁的环卫工人数量占比约为 35%，50 岁至 60 岁的环卫工人数量占比约为 43%，60 岁以上的环卫工人数量占比约为 22%。劳动力短缺、高龄化、效率低下是当前环卫工作的痛处。[2]

---

[1]《200 台自动驾驶扫路车交付　环卫车制造基地迎智能升级》，http://m.sohu.com/a/318530590_123753.

[2]《环卫工配智能手表就是惹争议？人工智能如何助力环卫升级？》，http://m.sohu.com/a/320238988_768130.

图 7—112 环卫工人日渐高龄化

利用人工智能机器视觉、全场景图像识别，搭配深度学习神经网络，以及集中式实时系统自动驾驶技术，可让环卫车自主规划路线，自主识别障碍物和行人后主动躲避，并且可以自动识别红绿灯，自动跟随或者超车，使行驶区域检测及局部路径优化，提高作业效率，做到错峰作业，减轻道路行驶压力，能够改善环卫工人的工作环境，保护其人身安全，有效解决行业的痛点。

案例：枣庄市政府

近年来，枣庄市实施新旧动能转换，重点培育高端装备、大数据等六大特色优势产业，深入开展"现代优势产业集群＋人工智能"行动。

2019 年 5 月枣庄市政府与深兰科技合作，将智能环卫车在枣庄技术学院等地上线运用。该智能环卫车具备自动驾驶功能，是这类智能清洁产品首次商业化批量应用。通过人工智能技术的应用，让无人驾驶环卫车来替代清洁工人进行作业，解决了人行道复杂的清扫环境的环保作业问题，完成智能清扫、实时监控、通过 App，扫描构建地图，自主完成清扫任务，将能够有效降低各项成本投入，避免清扫环卫工遭受危险，并实现解放劳动力、提高工作效率优化，仅用一台机器一天就可以完成约 10 个清洁工的日工作量，可以大幅度提升环境环卫行业的智能化水平和作业效率。同时，该智能环卫车能自动感知到周边行人、车辆、动物等物体，还能对垃圾进行精准的追踪清扫，并会根据地面垃圾种类及负荷，调整作业车速、扫盘转速、风机功率等作业参数，实现节能清扫。[①]

图 7—113　高颜值的智能环卫车成为路人视线焦点

---

①《智能环卫"生态圈"呼之欲出 "AI+环卫"500 亿市场待挖》，https://baijiahao.baidu.com/s?id=1609392442372113787&wfr=spider&for=pc.

其他案例

案例一：2018 世界人工智能大会

2018 世界人工智能大会由国家发展和改革委、科技部、工业和信息化部、国家网信办、中国科学院、中国工程院和上海市人民政府共同主办，2018 年 9 月 17 日至 19 日在上海举办。

商汤科技利用原创全球领先的人脸识别技术，为用户提供快速精准的考勤签到服务，在大会现场支持了近 2 万名报名观众的人脸签到工作。智能前台同时支持离线识别、断点续传等，使会议的核验签到效率大大提高。

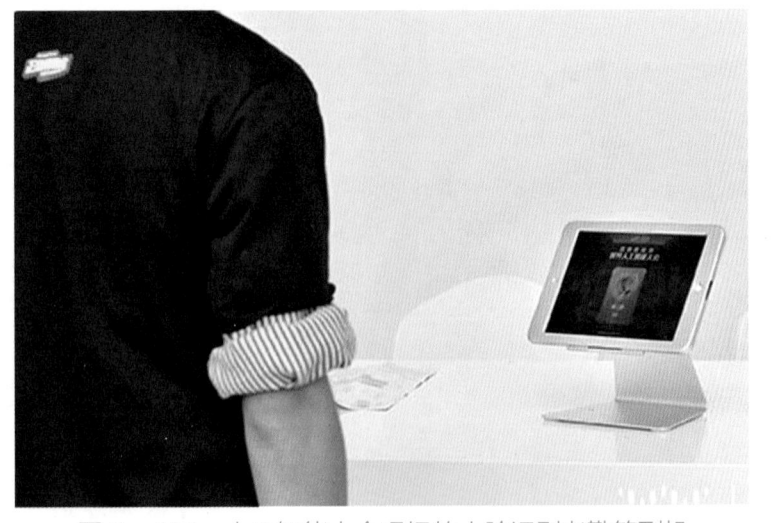

图 7—114　人工智能大会现场的人脸识别考勤签到机

案例二：联想

联想服务机器人在多年服务用户的过程中，长期累积了大量的用户原声，借助小i机器人提供的系统通过大数据、机器学习等方式，挖掘业务场景，梳理对话流程，建立起客服机器人数据快速标注训练能力，同时帮助运营团队，通过数据来精准定位并分析出运营过程中遇到的问题，极大拓展服务范畴，工作效率提升超过5倍。

同时，微博上与联想相关的言论，全部输入到系统，服务机器人进行信息抽取、业务分类及情感分析，并做自动服务回复，了解服务动向、客户心声，并做到准实时公关，为联想的舆情及业务分析提供良好支撑。

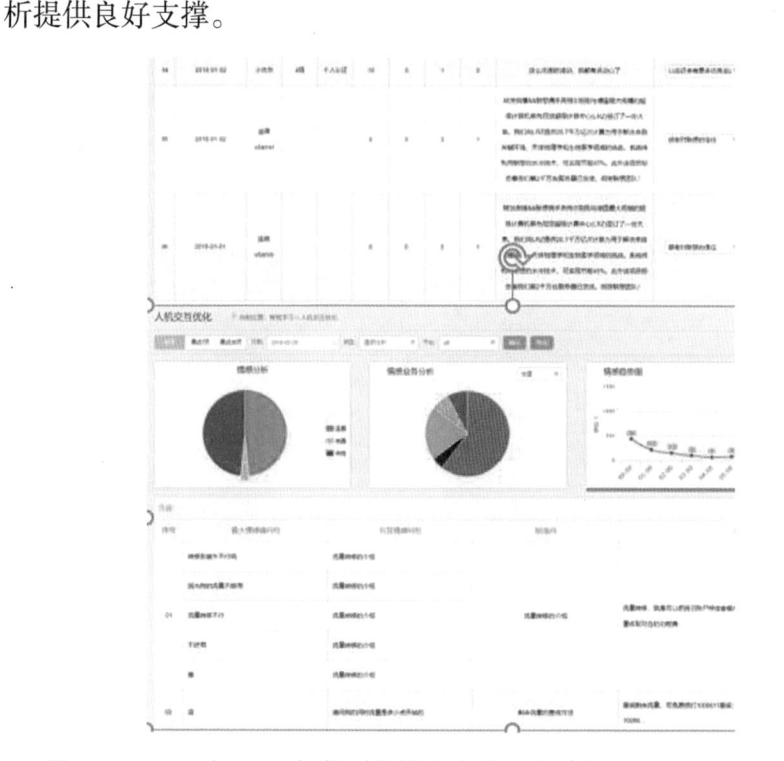

图7—115 利用人工智能对微博内容进行大数据分析来优化人机交互

案例三：国家测绘地理信息局卫星测绘应用中心

国家测绘地理信息局卫星测绘应用中心联合商汤科技开展了业务合作，充分发挥了卫星测绘应用中心的数据资源优势和科技公司的技术优势。

商汤科技联合国家测绘地理信息局卫星测绘应用中心以海量样本数据为支撑共同探索道路、水体、云雪等典型要素信息提取模型研制工作，实现了对海量数据全自动高精度的信息提取，大大提升了卫星影像数据的地表覆盖典型要素信息提取的自动化水平。[①]

图 7—116　卫星影像数据的智能化提取

案例四：贵阳天河潭水旅游景区

小 i 机器人提供的实体智能机器人解决方案为天河潭景区打造

---

①《陆地上的航空母舰，到底给安防行业准备了几份 Sense？北京安博会又秀了几份"汤"》，http://www.qianjia.com/zhike/201812/121012598770.html.

虚拟导游、实体机器人和三维虚拟人像三种产品形态，充当旅游行业的智能导游，为智能服务提供支撑。2017 年智能旅游服务机器人"小美"在贵阳天河潭旅游景区正式上线，为来往的游客提供旅游宣传、旅游咨询、旅游投诉等服务。游客可通过手机、景区大屏、网站与虚拟机器人，或者景区内的智能实体机器人自然对话，了解景区服务，实现订酒店、预留停车位、导航等功能，为前来景点游玩的游客提供个性化、一站式服务的优质体验。①

另外，天河潭景区还通过中国联通旅游大数据定制天河潭版本，实现天河潭游客客源分析、特征分析、区域逗留分析、游客搜索数据分析、游客 App 使用分析、实时客流热力图、客流变化统计和阶段性预测等，为精准营销推广和精准决策提供支持。通过智慧旅游建设使游客能更便捷、更快速、更简单、更直观地了解、体验景区带来的"纵情山水间，悠闲心体验"全新旅游模式。②

图 7—117　贵阳天河潭旅游景区智能机器人

①《"导游机器人"亮相贵阳天河潭旅游度假区》，http://gz.people.cn/n2/2018/0105/c371755-31108385.html.

②《智慧旅游提供更佳游客体验》，http://www.sohu.com/a/315656551_99986045.

结　语

　　2019 年被认为是人工智能落地的关键节点，人工智能将会加快与社会经济各领域的融合，催生出新业态新模式。中国经济已经由过往的高速增长阶段转向高质量发展阶段，即拥有高质量的 GDP。我们不能只去关注房地产、服务业、金融业，而要注重技术赋能的高质量产业结构和高含金量的 GDP。

　　可以说，人工智能技术需要与产业结合才能焕发出生命力，而实体企业正是科技赋能产业的重点。人工智能技术的落地，需要需求侧和供给侧同时发力对接。实体企业要认识到人工智能是企业发展的需求，供给侧则要在实践中不断总结出行业和市场需求是什么，并反馈到研发环节，再利用人工智能促进产品创新，最终不断提升用户体验，提高产品市场竞争力，即让人工智能产品应用于民、服务于民。

　　目前各地都正在推出人工智能应用场景建设实施计划，聚焦制造业等重点领域，开放更多"人工智能 +"应用场景，搭建供需对接平台，吸引更多人工智能初创和成熟企业的最新成果的先行先试。从智慧到智能，中国的人工智能应用空间巨大，产业也有望迎来进一步发展。

　　我们希望中国能够成为未来第四次工业革命的主导者，也希望中国的 AI 企业可以执未来全球人工智能发展之牛耳。相信未来一定不属于所有的人工智能企业，而是属于能够用好人工智能技术的企业。

后　记

　　人工智能发展到今天，中国已经成为其中举足轻重的引领者之一。从人工智能的专利数来看，中国已经超越了美国。我们在语音、自动驾驶方面都取得了长足的发展，有很多产品已经进入了产业领域，如智能机器人、智能语音交互、无人机、无人驾驶车辆、智能医疗、金融等都已慢慢进入了日常生活。

　　在企业数量方面，目前，全球人工智能的企业总数已超过5000家，其中美国占去一半，中国的人工智能企业数量还算可以。在城市比较上，北京第一，上海第二，广州第三。

　　在垂直领域方面，中国的人工智能基本集中在医疗、金融、商业以及安防领域。从行业人才来看，美国人工智能人才超过中国的一半。中国的人工智能在高端人才上非常欠缺。这可谓之第四次工业革命的战略机遇：人工智能技术决定了未来国际产业的分工。任正非在给中央的建言当中讲道："中国未来是智能社会，而不是劳动力的社会，不会再用廉价劳动力来形成竞争优势。未来，西方将大规模雇佣机器人，两极分化将进一步加强，低成本的制造业将重回西方，中国将进一步空心化。"

　　第四次工业革命的浪潮即将涌来，全球制造业正经受着前所未有的冲击、调整和变革。各工业发达国家纷起应对，制定国家战略，以求在行将到来的变革中取得主动。而中国制造业必须从规模、速度的发展轨道转向质量、效益的发展轨道，从高速度发展转向高质量发展，才能在第四次工业革命中形成持续发展的能力，继续成为中国国民经济的主体，与中国在全球制造业中的地位相对应。

深兰科技作为中国 AI 领域的代表企业之一，勇立行业大潮，倍感责任重大。深兰科技在基础研究与应用开发上实现了齐头并举，软件输出和硬件制造双管齐下，已做好为国出征，迎接挑战的充分准备。

深兰科技设立了深兰科学院，人工智能、自动化、智能汽车、生命科学、脑科学及前沿科技等六大研究院专注于基础研究，目前深兰专利数量（含在申请）近 500 项，在 PAKDD、CVPR、ICCV、KDD 及 IEEE ISI 等国际人工智能及计算机顶级大赛上获得 10 余项世界冠军。而公司目前核心技术包括自动驾驶、生物智能、计算机视觉、认知智能，已在智能汽车、智能环境与智能城市（AI CITY）三大业务领域广泛应用，熊猫智能公交等主打产品已在全国多个城市上线试运行，并先后获得广州、长沙、上海的测试牌照及武汉的正式商用牌照。

深兰科技是一个中国本土的 AI 企业，作为国内人工智能领域领先企业，为国出征，我们责无旁贷。深兰科技的愿景是"人工智能，服务民生"，我们希望人工智能可以为中国未来第四次工业革命装上提速的引擎，颠覆传统社会生活、为世界创造更高效的职业分工，为普罗大众带来绿色可持续的便捷生活。

　　最后，感谢中共中央党校出版社的各位老师与深兰科学院的同事们为本书给予的支持。作为一个快速发展的行业，人工智能技术及应用的更新迭代速度非常快，如对本书中内容有批评与改进建议，欢迎探讨。